高职高专电子类专业"十二五"规划教材

数字电子技术应用

SHUZIDIANZIJISHUYINGYONG

GAOZHIGAOZHUANDIANZILEIZHUANYESHIERWUGUIHUAJIAOCAI

主　　编　刘悦音

副主编　龙　剑　肖春艳　王　芳　吴沁园

主　　审　王少华　李　浩

中南大学出版社
www.csupress.com.cn

图书在版编目(CIP)数据

数字电子技术应用/刘悦音主编. —长沙:中南大学出版社,2012.8
(2021.1 重印)

ISBN 978-7-5487-0618-2

Ⅰ.数… Ⅱ.刘… Ⅲ.数字电路－电子技术－高等职业教育－
教材 Ⅳ.TN79

中国版本图书馆 CIP 数据核字(2012)第 195051 号

数字电子技术应用

主编 刘悦音

□**责任编辑** 陈应征
□**责任印制** 周　颖
□**出版发行** 中南大学出版社

　　　　社址:长沙市麓山南路　　　　邮编:410083
　　　　发行科电话:0731-88876770　　传真:0731-88710482

□**印　　装** 长沙市宏发印刷有限公司

□**开　　本** 787 mm×1092 mm 1/16　□**印张 10**　□**字数 246 千字**
□**版　　次** 2012 年 8 月第 1 版　□2021 年 1 月第 6 次印刷
□**书　　号** ISBN 978-7-5487-0618-2
□**定　　价** 35.00 元

前　言

　　本教材是根据高职高专院校电子类专业"数字电子技术"课程精品课程建设的基本要求编写的。教材内容涵盖了湖南高职院校电子技术专业技能抽查标准题库试题内容。

　　为了推进教学创新，提高教学质量，以适应新形势下高等职业教育教学事业的发展，各院校在广泛调研、深入研究的基础上，建立了基于工作过程的课程体系，"数字电子技术"是该体系中一门重要课程。本书紧密结合高职高专教育特点，适用高职高专院校电子技术应用、应用电子技术、电子工程、通信、电子设备制造与维修等相关专业使用。

　　本书紧紧围绕课程目标重构其知识体系结构。每个项目的学习都以典型产品为载体设计的活动来进行，以工作任务为中心整合理论与实践，实现理论与实践的一体化。在适度的基础知识与理论体系覆盖下，注重理论指导下的可操作性，更注意实际问题的解决，强化实际操作的训练，理论以够用为度，但知识要素未减少。编写原则"实用、适用、先进"，编写风格"通俗、精练、可操作"。

　　让学生通过完成具体项目来构建相关理论知识，并发展职业能力。教材内容的选取紧紧围绕工作任务完成的需要来进行，同时又充分考虑高职教育对理论知识学习的需要。本书遵循从简单到复杂的职业能力累积形成规律，以典型的、实际应用的单元电路或简单电子产品为项目载体，以问题引出项目所涉及的理论与实践知识进行编写。本书共安排了五个项目任务，重点关注如何综合运用所获得的操作知识、理论知识来完成工作任务，也更关注工作任务之间的联系。通过"完整性活动"，学生可获得有工作意义的"产品"，这样，不仅可以增强学生对教学内容的直观感，而且有利于增强学生的工作热情和学习兴趣。

　　由于"项目驱动、理实一体化教学"还是一项尝试性工作，在内容与组织方面难免有不周之处，尚需在实践中进一步完善。本书由长沙航空职业技术学院刘悦音老师、湖南科技职业技术学院王芳老师、湖南化工职业技术学院吴沁园老师、湖南生物机电职业技术学院李浩老师共同编著。其中，项目一、项目三、附录一、附录二、附录三、附录四由长沙航空职业技术学院刘悦音老师编写，项目二由湖南化工职业技术学院吴沁园老师编写，项目四由湖南生物机电职业技术学院肖春艳老师编写，项目五由湖南科技职业技术学院王芳老师编写。全书由长沙航空职业技术学院刘悦音老师负责统稿，担任主编，长沙航空职业技术学院航空电子电气工程系曾全胜副教授为本书内容的规划提出了指导性意见。湖南森源电器有限公司黄远征为本书撰写提供了宝贵的现场资料和建议。本书由湖南生物机电职业技术学院王少华教授和李浩主审，主审对本书内容提出了宝贵的修改意见。在此一并表示感谢。

随着科学技术的发展，集成电路工艺水平、集成度以及器件功能不断完善和提高，数字电子技术的应用也愈加广泛，随着课程体系和教学方法的不断创新，教材内容的更新势在必行。限于编者水平，书中难免有错误和不妥之处，教材编写组全体成员敬请各位读者多提改进意见，以便不断完善本书。

编　者
2012 年 8 月

目　录

项目一　三人表决器

一、任务描述

　　某企业承接了一批结果按"少数服从多数"的原则决定的三人表决器的组装与调试任务。请按照相应的企业生产标准完成该产品的组装和调试，实现该产品的基本功能，满足相应的技术指标，并正确填写测试报告。为很好地完成任务，认识表决器的结构和原理，必须先学习以下的相关知识。

二、知识准备

1　数字信号与数字电路

1.1　模拟信号与数字信号

　　在工程技术上，为了便于分析人们从自然界感知的许多信号，例如，温度、压力、速度、重量等，常用传感器将这些信号转换为电流、电压或电阻等电学信号，这就是我们在"模拟电子技术"课程中所遇到的信号（如正弦信号等），在时间上和数值上是连续变化的，称为模拟信号，如图 1.1 所示。

　　为了方便地存储、分析和传输信息，我们常将模拟信号转换为在时间上和数值上不连续的（即离散的）信号，这种信号称为数字信号。

　　数字信号只有两个离散值，常用数字 0 和 1 来表示。这里的 0 和 1 没有大小之分，只代表两种对立的状态，称为逻辑 0 和逻辑 1。数字信号也称为二值数值信号、二进制信号。

　　数字信号在电路中往往表现为突变的电压或电流，如图 1.2 所示。该信号有两个特点：

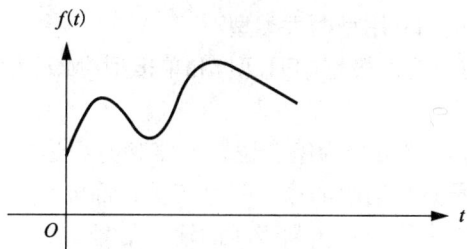

图 1.1　模拟信号

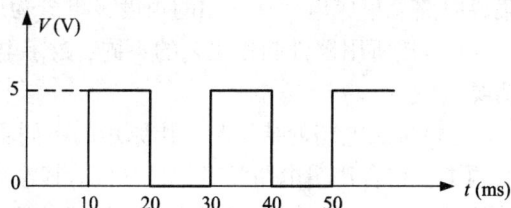

图 1.2　数字信号

（1）信号只有两个电压值，5 V 和 0 V。我们可以用 5 V 来表示逻辑 1，用 0 V 来表示逻辑 0；当然也可以用 0 V 来表示逻辑 1，用 5 V 来表示逻辑 0，因此这两个电压值又常被称为逻辑电平。5 V 为高电平，0 V 为低电平。

（2）信号从高电平变为低电平，或者从低电平变为高电平是一个突然变化的过程，这种信号又称为脉冲信号。代表各种模拟物理量的模拟信号，都必须变换为数字信号才能送入数字系统中进行加工处理。在计算机和数字系统中，信息中的各种文字符号、数学中的数字符号以及运算符号等，都用数字信号表示。

1.2　数字电路的特点与分类

数字电路指的是能对数字信号进行传输、存储、控制，以及对数字信号进行加工处理和进行算术运算和逻辑运算的电路。所谓算术运算，就是对两个或两个以上数字信号进行加、减、乘、除等一系列算术加工；所谓逻辑运算，就是对数字信号进行与、或、非以及与非、或非、异或等逻辑关系的加工处理及控制。因此，数字电路也常被称为数字逻辑电路。

1. 数字电路的特点

（1）由于数字电路是以二值数字逻辑为基础的，只有 0 和 1 两个基本数字，易于用电路来实现，比如可用二极管、三极管的导通与截止这两个对立的状态来表示数字信号的逻辑 0 和逻辑 1。

（2）由数字电路组成的数字系统工作可靠，精度较高，抗干扰能力强。它可以通过整形很方便地去除叠加于传输信号上的噪声与干扰，还可利用差错控制技术对传输信号进行查错和纠错。

（3）数字电路不仅能完成数值运算，而且能进行逻辑判断和运算，这在控制系统中是不可缺少的。

（4）数字信息便于长期保存，比如可将数字信息存入磁盘、光盘等长期保存。

（5）数字集成电路产品系列多、通用性强、成本低。

（6）保密性好。数字信息可以采用各种编码技术，容易进行加密处理，不易被窃取。

由于具有一系列优点，数字电路在电子设备或电子系统中得到了越来越广泛的应用，计算机、计算器、电视机、音响系统、视频记录设备、光碟、长途电信及卫星系统等无一不采用了数字系统。

2. 数字电路的分类

（1）按集成度分类：数字电路可分为小规模（SSI，每片数十器件）、中规模（MSI，每片数百器件）、大规模（LSI，每片数千器件）和超大规模（VLSI，每片器件数目大于 1 万）数字集成电路。集成电路从应用的角度又可分为通用型和专用型两大类型。

（2）按所用器件制作工艺的不同：数字电路可分为双极型（TTL 型）和单极型（MOS 型）两类。

（3）按照电路的结构和工作原理的不同：数字电路可分为组合逻辑电路和时序逻辑电路两类。组合逻辑电路没有记忆功能，其输出信号只与当时的输入信号有关，而与电路以前的状态无关。时序逻辑电路具有记忆功能，其输出信号不仅和当时的输入信号有关，而且与电路以前的状态有关。

2 数制与码制

数制是一种计数方法，它是计数进位制的总称。采用何种计数制方法应根据实际需要而定。日常生活中我们习惯用十进制数，而在数字系统中进行数字的运算和处理采用的是二进制数、八进制数、十六进制数。

本节将介绍几种常用数制的表示方法，相互间的转换方法和几种常用的二－十进制码。

2.1 数的表示方法

首先，我们来看几个概念。

进位制：表示数时，仅用一位数码往往不够用，必须用进位计数的方法组成多位数码。多位数码每一位的构成以及从低位到高位的进位规则称为进位计数制，简称进位制。

基数：进位制的基数，就是在该进位制中可能用到的数码个数。

位权：在某一进位制的数中，每一位的大小都对应着该位上的数码乘上一个固定的数，这个固定的数就是这一位的权数。权数是一个幂。

1. 十进制

数码为 $0 \sim 9$，基数是 10。运算规律是逢十进一，即 $9 + 1 = 10$。十进制数的权展开式，如

$$(2345)_{10} = 2 \times 10^3 + 3 \times 10^2 + 4 \times 10^1 + 5 \times 10^0$$

其中，10^3、10^2、10^1、10^0 称为十进制的权，各数位的权是 10 的幂，同样的数码在不同的数位上代表的数值不同，任意一个十进制数都可以表示为各个数位上的数码与其对应的权的乘积之和，称权展开式。

又如

$$(123.44)_{10} = 1 \times 10^2 + 2 \times 10^1 + 3 \times 10^0 + 4 \times 10^{-1} + 4 \times 10^{-2}$$

2. 二进制

数码为 0、1，基数是 2。运算规律为逢二进一，即 $1 + 1 = 10$。二进制数的权展开式，如：

$$(111.01)_2 = 1 \times 2^2 + 1 \times 2^1 + 1 \times 2^0 + 0 \times 2^{-1} + 1 \times 2^{-2}$$

二进制数只有 0 和 1 两个数码，它的每一位都可以用电子元件来实现，且运算规则简单，相应的运算电路也容易实现。

3. 八进制

数码为 $0 \sim 7$，基数是 8。运算规律为逢八进一，即 $7 + 1 = 10$。八进制数的权展开式，如

$$(217.02)_8 = 2 \times 8^2 + 1 \times 8^1 + 7 \times 8^0 + 0 \times 8^{-1} + 2 \times 8^{-2}$$

4. 十六进制

数码为 $0 \sim 9$、$A \sim F$，基数是 16。运算规律为逢十六进一，即 $F + 1 = 10$。十六进制数的权展开式，如：

$$(E8.B)_{16} = 14 \times 16^1 + 8 \times 16^0 + 11 \times 16^{-1}$$

2.2 数制间的转换

同一个数可采用不同的计数体制来表示，各种数制表示的数是可以相互转换的。

数制转换指一个数从一种进位制表示形式转换成等值的另一种进位制表示形式，其实质为权值转换。

数制相互转换的原则为转换前后两个有理数的整数部分和小数部分必定分别相等。

1. 二进制、八进制、十六进制数转换为十进制数

分别写出二进制、八进制、十六进制数按权展开式，数码和位权值的乘积称为加权系数。各位加权系数相加的结果便为对应的十进制数。如：

$$(101.01)_2 = 1 \times 2^2 + 0 \times 2^1 + 1 \times 2^0 + 0 \times 2^{-1} + 1 \times 2^{-2} = (5.25)_{10}$$

$$(207.04)_8 = 2 \times 8^2 + 0 \times 8^1 + 7 \times 8^0 + 0 \times 8^{-1} + 4 \times 8^{-2} = (135.0625)_{10}$$

$$(D8.A)_{16} = 13 \times 16^1 + 8 \times 16^0 + 10 \times 16^{-1} = (216.625)_{10}$$

2. 十进制数转换为二进制数

整数和小数转换方法不同，因此必须分别进行转换，然后再将两部分转换结果合并得完整的目标数制形式。

整数部分采用基数连除法，先得到的余数为低位，后得到的余数为高位。小数部分采用基数连乘法，先得到的整数为高位，后得到的整数为低位。

如，将十进制数 44.375 转换为二进制数可按以下方式来做。

所以：$(44.375)_{10} = (101100.011)_2$

同理：可采用同样的方法将十进制数转成八进制、十六进制数，但由于八进制和十六进制的基数较大，做乘除法不是很方便，因此需要将十进制转成八进制、十六进制数时，通常是将其先转成二进制，然后再将二进制转成八进制、十六进制数。

3. 二进制数与八进制、十六进制数的转换

(1) 二进制数转换成八进制数

八进制数的基数 8(2 的 3 次方)，故每位八进制数用三位二进制数构成。因此，二进制数转换为八进制数的方法是：整数部分从低位开始，每三位二进制数为一组，最后不足三位的，则在高位加 0 补足三位为止；小数点后的二进制数则从高位开始，每三位二进制数为一组，最后不足三位的，则在低位加 0 补足三位，然后用对应的八进制数来代替，再按顺序排列写出对应的八进制数。

如 $(11010111.0100111)_2 = (?)_8$

得 $(11010111.0100111)_2 = (327.234)_8$

将二进制数 $(11100101.11101011)_2$ 转换成八进制数

转换结果：$(11100101.11101011)_2 = (345.726)_8$

(2) 八进制数转换成二进制数

二进制数	011	010	111	.	010	001	100
	↓	↓	↓		↓	↓	↓
八进制数	3	2	7		2	3	4

将每位八进制数用三位二进制数来代替,再按原来的顺序排列起来,便得到了相应的二进制数。

将八进制数$(745.361)_8$转换为二进制数

7	4	5	.	3	6	1
↓	↓	↓		↓	↓	↓
111	100	101	.	011	110	001

转换结果:$(745.361)_8 = (111100101.011110001)_2$

(3)二进制数转换成十六进制数

与上述相仿,由于十六进制基数 $R = 16 = 2^4$,故必须用四位二进制数构成一位十六进制数码,同样采用分组对应转换法,所不同的是此时每四位为一组,不足四位同样用"0"补足。

如$(111011.10101)_2 = (?)_{16}$

二进制数	0011	1011	.	1010	1000
	↓	↓		↓	↓
十六进制数	3	B	.	A	8

故有$(111011.10101)_2 = (3B.A8)_{16}$

(4)十六进制数转换成二进制数

将每位八进制数用四位二进制数来代替,再按原来的顺序排列起来,便得到了相应的二进制数。

将十六进制数$(E6C.3A7)_{16}$转换为二进制数

E	6	C	.	3	A	7
↓	↓	↓		↓	↓	↓
1110	0110	1100	.	0011	1010	0111

转换结果:$(E6C.3A7)_{16} = (111001101100.001110100111)_2$

由以上可见,各种数制形式之间的转换方法中,最基本的是十进制与二进制之间的转变,八进制和十六进制可以借助二进制来实现相应的转换。

2.3　BCD 码

数字系统只能识别 0 和 1,怎样才能表示更多的数码、符号、字母呢?用编码可以解决此问题。

用一定位数的二进制数来表示十进制数码、字母、符号等信息称为编码。

用以表示十进制数码、字母、符号等信息的一定位数的二进制数称为代码。

二－十进制代码：用 4 位二进制数 $b_3b_2b_1b_0$ 来表示十进制数中的 0～9 十个数码，简称 BCD 码。

8421BCD 码是一种应用十分广泛的代码。这种代码每位的权值是固定不变的，为恒权码。它取了自然二进制数的前十种组合表示一位十进制数 0～9，即 0000～1001，从高位到低位的权值分别为 8、4、2、1。去掉了自然二进制数的后六种组合 1010～1111，8421BCD 码每组二进制代码各位加权系数的和便为它所代表的十进制数。如，0101 按权展开式为：$0×8+1×4+0×2+1×1=5$。

2421 码的权值依次为 2、4、2、1，余 3 码由 8421 码加 0011 得到。还有一种常用的四位无权码叫格雷码(Gray)。这种码看似无规律，它是按照"相邻性"编码的，即相邻两码之间只有一位数字不同。格雷码常用于模拟量的转换中，当模拟量发生微小变化而可能引起数字量发生变化时，格雷码仅改变一位，这样与其他码同时改变两位或多位的情况相比更为可靠，可减少出错的可能性。常用 BCD 码编码如表 1.1 所示。

表 1.1　常用 BCD 码

十进制数	8421 码	余 3 码	格雷码	2421 码	5421 码
0	0000	0011	0000	0000	0000
1	0001	0100	0001	0001	0001
2	0010	0101	0011	0010	0010
3	0011	0110	0010	0011	0011
4	0100	0111	0110	0100	0100
5	0101	1000	0111	1011	1000
6	0110	1001	0101	1100	1001
7	0111	1010	0100	1101	1010
8	1000	1011	1100	1110	1011
9	1001	1100	1101	1111	1100
权	8421			2421	5421

3　基本逻辑运算

逻辑是指事物的因果关系，或者说条件和结果的关系，这些因果关系可以用逻辑运算来表示，也就是用逻辑代数来描述。

逻辑代数是按一定的逻辑关系进行运算的代数，是分析和设计数字电路的数学工具。逻辑代数中的变量称为逻辑变量，用大写字母 A、B、C、D、…、X、Y、Z 等表示。逻辑变量的取值只有 0 和 1 两种逻辑值，并不表示数量的大小，而是表示两种对立的逻辑状态(如用 0 和 1 表示灯的开或关，电流的大或小，电压的高或低，晶体管的饱和或截止，事件的是或非等)。有与、或、非三种基本逻辑运算，还有与或、与非、与或非、异或几种导出逻辑运算。

3.1 基本逻辑运算

1. 与逻辑

与逻辑的定义：仅当决定事件(Y)发生的所有条件(A，B，C，…)均满足时，事件(Y)才能发生。与逻辑表达式为：

$$Y = A \cdot B \cdot C \cdots$$

如图 1.3 所示，开关 A、B 串联控制灯泡 Y。

设开关断开为逻辑 0，闭合为逻辑 1；灯不亮为逻辑 0，灯亮为逻辑 1，则有：

$A = B = 0$，$Y = 0$；

$A = 0$，$B = 1$，$Y = 0$；

$A = 1$，$B = 0$，$Y = 0$；

$A = B = 1$，$Y = 1$。

即两个开关必须同时闭合，灯才亮。

2. 或逻辑

或逻辑的定义：当决定事件(Y)发生的各种条件(A，B，C，…)中，只要有一个或多个条件具备，事件(Y)就发生。表达式为：

$$Y = A + B + C + \cdots$$

如图 1.4 所示开关 A、B 并联控制灯泡 Y。

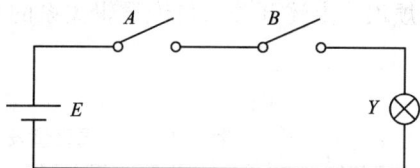

图 1.3 开关 A、B 串联控制灯泡 Y

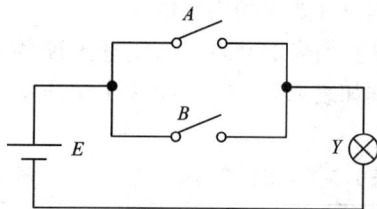

图 1.4 开关 A、B 并联控制灯泡 Y

有 $A = B = 0$，$Y = 0$；

$A = 0$，$B = 1$，$Y = 1$；

$A = 1$，$B = 0$，$Y = 1$；

$A = B = 1$，$Y = 1$。

即两个开关只要有一个闭合，灯就能亮。

3. 非逻辑

非逻辑指的是逻辑的否定。当决定事件(Y)发生的条件(A)满足时，事件不发生；条件不满足，事件反而发生。表达式为：

$$Y = \overline{A}$$

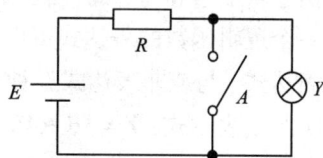

图 1.5 开关 A 控制灯泡 Y

如图 1.5 所示并联开关 A 控制灯泡 Y。

3.2 逻辑函数及其表示方法

1. 逻辑函数

如果对应于输入逻辑变量 A、B、C、…的每一组确定值，输出逻辑变量 Y 就有唯一确定的值，则称 Y 是 A、B、C、…的逻辑函数。记为：

$$Y = f(A, B, C)$$

等式左边的字母 Y 称为输出逻辑变量，字母上面没有非运算符的叫做原变量，有非运算符的叫做反变量。

逻辑函数与普通代数中的函数相比较，有两个突出的特点：

(1) 逻辑变量和逻辑函数只能取两个值 0 和 1；并且这里的 0 和 1 只表示两种不同的状态，没有数量的含义。

(2) 函数和变量之间的关系是由"与"、"或"、"非"三种基本运算决定的。

2. 逻辑函数的表示

常用的逻辑函数表示方法有真值表、函数表达式、逻辑图等，它们之间可以任意地相互转换。

(1) 真值表

列出输入变量的各种取值组合及其对应输出逻辑函数值的表格称真值表。

为避免遗漏，各变量的取值组合应按照二进制递增的次序排列。

真值表有如下特点：

① 直观明了，通过确定输入变量，即可在真值表中查出相应的函数值。

② 可以把一个实际的逻辑问题抽象成一个逻辑函数。所以，在设计逻辑电路时，总是先根据设计要求列出真值表。

③ 真值表的缺点是当变量比较多时，显得过于烦琐。上述开关与灯泡逻辑关系的真值表分别如表 1.2、表 1.3、表 1.4 所示。

表 1.2 与逻辑真值表

A	B	Y
0	0	0
0	1	0
1	0	0
1	1	1

表 1.3 或逻辑真值表

A	B	Y
0	0	0
0	1	1
1	0	1
1	1	1

表 1.4 非逻辑真值表

A	Y
0	1
1	0

(2) 逻辑表达式

由逻辑变量和与、或、非三种运算符连接起来所构成的式子。

一个逻辑函数的表达式可以有与或表达式、或与表达式、与非 – 与非表达式、或非 – 或非表达式、与或非表达式五种表示形式。

① 与或表达式：$Y = \overline{A}B + AC$

② 或与表达式：$Y = (A + B)(\overline{A} + C)$

③ 与非 – 与非表达式：$Y = \overline{\overline{AB} \cdot \overline{AC}}$

④ 或非 – 或非表达式：$Y = \overline{\overline{A + B} + \overline{A} + C}$

⑤ 与或非表达式：$Y = \overline{\overline{A} \, \overline{B} + A\overline{C}}$

一种形式的函数表达式对应于一种逻辑电路。尽管一个逻辑函数表达式的各种表示形式不同,但逻辑功能是相同的。

由真值表可以转换为函数表达式,方法为:在真值表中依次找出函数值等于1的变量组合,变量值为1的写成原变量,变量值为0的写成反变量,把组合中各个变量相乘。这样对应于函数值为1的每一个变量组合就可以写成一个乘积项。然后,把这些乘积项相加,就得到相应的函数表达式了。

反之,由表达式也可以转换成真值表,方法为:画出真值表的表格,将变量及变量的所有取值组合按照二进制递增的次序列入表格左边,然后按照表达式,依次对变量的各种取值组合进行运算,求出相应的函数值,填入表格右边对应的位置,即得真值表。

(3)逻辑符号及逻辑图

实现基本逻辑功能的电路可用相应的符号——逻辑符号表示,而进一步的逻辑功能可由逻辑符号及它们之间的连线而构成的图形——逻辑图表示。

与逻辑 $Y = A \cdot B$,符号:

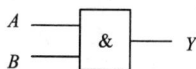

或逻辑 $Y = A + B$,符号:

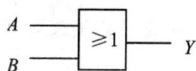

非逻辑 $Y = \overline{A}$,符号:

逻辑功能 $Y = A \cdot B + \overline{A} \cdot \overline{B}$ 可用图1.6实现。

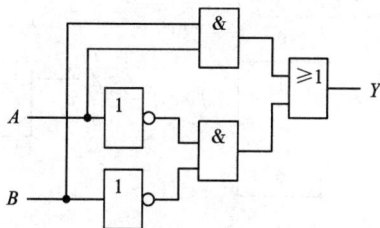

图1.6　逻辑图

除了三种基本逻辑运算外,还有几种常用逻辑运算。

①与非——由与运算和非运算组合而成。图1.7(a)、(b)分别为其真值表和逻辑符号。逻辑表达式为 $Y = \overline{A \cdot B}$

②或非——由或运算和非运算组合而成。图1.8(a)、(b)分别为其真值表和逻辑符

A	B	$Y=\overline{A \cdot B}$
0	0	1
0	1	1
1	0	1
1	1	0

(a)　　　　　　　　　　　　(b)

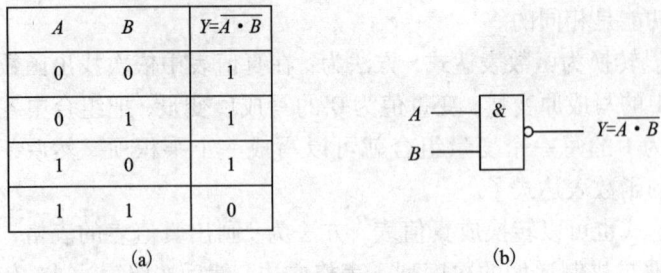

图 1.7　与非门真值表和逻辑符号

号。逻辑表达式为 $Y = \overline{A + B}$

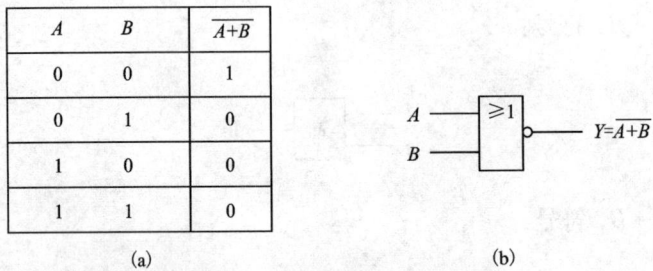

A	B	$\overline{A+B}$
0	0	1
0	1	0
1	0	0
1	1	0

(a)　　　　　　　　　　　　(b)

图 1.8　或非门真值表和逻辑符号

③异或

异或是一种二变量逻辑运算，当两个变量取值相同时，逻辑函数值为 0；当两个变量取值不同时，逻辑函数值为 1。图 1.9(a)、(b)分别为其真值表和逻辑符号。异或的逻辑表达式为：

$$Y = A \oplus B$$

A	B	$A \oplus B$
0	0	0
0	1	1
1	0	1
1	1	0

(a)　　　　　　　　　　　　(b)

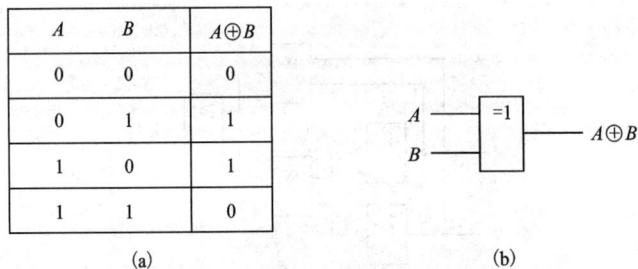

图 1.9　异或门真值表和逻辑符号

(4)卡诺图

逻辑函数的化简法主要有公式化简法和卡诺图化简法，利用卡诺图可以化简逻辑函数。

(5)波形图

如果已知输入变量随时间变化的波形，就可以根据逻辑函数式、真值表或逻辑图表达的逻辑关系，画出输出变量随时间变化的波形。这种能反映输入变量和输出变量随时间变化的图形就称为波形图。图 1.10 所示即为异或关系的波形图。

波形图能直观地表达出变量和函数值之间随时间变化的规律。因为波形图和实际电路中的电平波形相对应，在数字电路的分析、设计

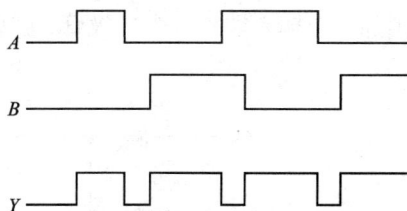

图 1.10　异或关系的波形图

等实际工作中应用较多。波形图可以帮助我们掌握数字电路的工作情况和诊断电路故障。

4　二极管门电路

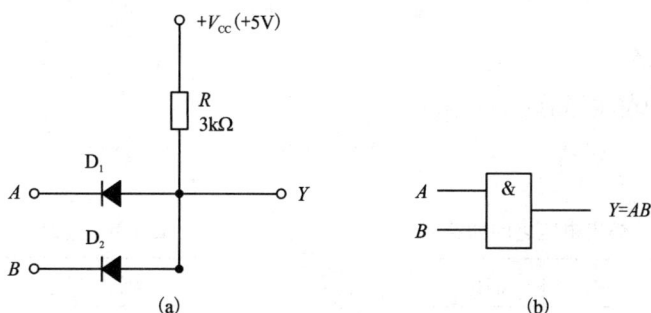

图 1.11　二极管与门

（a）电路；（b）逻辑符号

4.1　与门电路

（1）当 $V_A = V_B = 0$ V。此时二极管 D_1 和 D_2 都导通，由于二极管正向导通时的钳位作用，$V_Y \approx 0$ V。

（2）$V_A = 0$ V，$V_B = 5$ V。此时二极管 D_1 导通，由于钳位作用，$V_Y \approx 0$ V，D_2 受反向电压而截止。

（3）$V_A = 5$ V，$V_B = 0$ V。此时 D_2 导通，$V_Y \approx 0$ V，D_1 受反向电压而截止。

（4）$V_A = V_B = 5$ V。此时二极管 D_1 和 D_2 都截止，$V_Y = V_{CC} = 5$ V。

上述分析结果归纳起来列入表 1.5 及表 1.6 中，如果采用正逻辑体制，很容易看出它实现逻辑运算：

表 1.5　输入、输出电压之间的关系

输入		输出
V_A(V)	V_B(V)	V_Y(V)
0	0	0
0	5	0
5	0	0
5	5	5

表 1.6　与逻辑真值表

输入		输出
A	B	Y
0	0	0
0	1	0
1	0	0
1	1	1

$$Y = A \cdot B$$

增加一个输入端和一个二极管，就可变成三输入端与门。按此办法可构成更多输入端的与门。

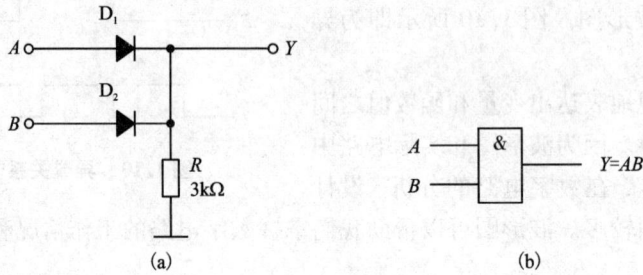

图 1.12 二极管或门

(a)电路；(b)逻辑符号

4.2 或门电路

或门电路实现逻辑运算：

$$Y = A + B$$

<table>
<tr><td colspan="3">表 1.7 输入、输出电压之间的关系</td></tr>
<tr><td colspan="2">输入</td><td>输出</td></tr>
<tr><td>$V_A(V)$</td><td>$V_B(V)$</td><td>$V_Y(V)$</td></tr>
<tr><td>0</td><td>0</td><td>0</td></tr>
<tr><td>0</td><td>5</td><td>5</td></tr>
<tr><td>5</td><td>0</td><td>5</td></tr>
<tr><td>5</td><td>5</td><td>5</td></tr>
</table>

<table>
<tr><td colspan="3">表 1.8 或逻辑真值表</td></tr>
<tr><td colspan="2">输入</td><td>输出</td></tr>
<tr><td>A</td><td>B</td><td>Y</td></tr>
<tr><td>0</td><td>0</td><td>0</td></tr>
<tr><td>0</td><td>1</td><td>1</td></tr>
<tr><td>1</td><td>0</td><td>1</td></tr>
<tr><td>1</td><td>1</td><td>1</td></tr>
</table>

同样，可用增加输入端和二极管的方法，构成更多输入端的或门。

4.3 三极管非门电路

图 1.13(a)是由三极管组成的非门电路，非门又称反相器。这里重点分析它的逻辑关系。仍设输入信号为 +5 V 或 0 V。此电路只有以下两种工作情况：

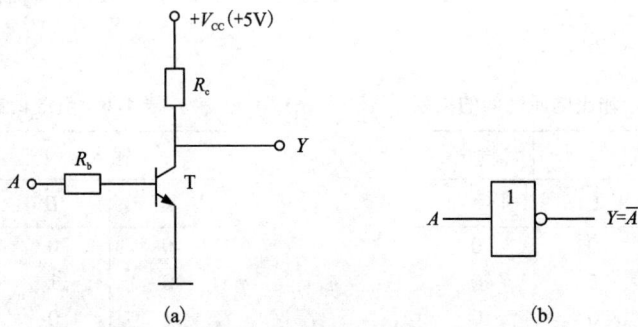

图 1.13 三极管非门

(a)电路；(b)逻辑符号

（1）$V_A = 0$ V。此时三极管的发射结电压小于死区电压，满足截止条件，所以管子截止，$V_Y = V_{CC} = 5$ V。

（2）$V_A = 5$ V。此时三极管的发射结正偏，管子导通，只要合理选择电路参数，使其满足饱和条件 $I_B > I_{BS}$，则管子工作于饱和状态，有 $V_Y = V_{CES} \approx 0$ V（0.3 V）。

把上述分析结果列入表1.9及表1.10中，此电路不管采用正逻辑体制还是负逻辑体制，都满足非运算的逻辑关系。

表1.9　输入、输出电压之间的关系

输入	输出
V_A(V)	V_B(V)
0	5
5	0

表1.10　非逻辑真值表

输入	输出
V_A(V)	V_B(V)
0	5
5	0

4.4　集电极开路门（OC门）

在工程实践中，有时需要将几个门的输出端并联使用，以实现与逻辑，称为线与。TTL门电路的输出结构决定了它不能进行线与。

为满足实际应用中实现线与的要求，专门生产了一种可以进行线与的门电路——集电极开路门，简称 OC 门（Open Collector），如图1.14所示。

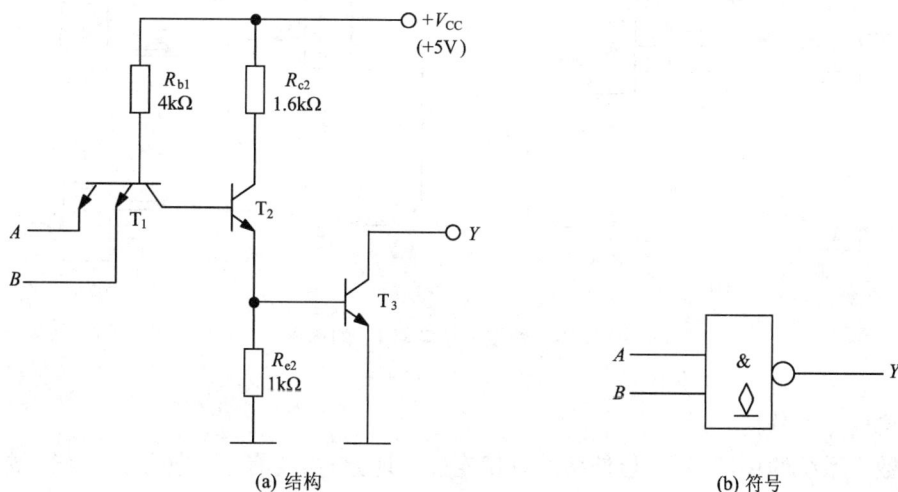

(a) 结构　　　　　　　　　　　　　　(b) 符号

图1.14　OC门

OC 门主要有以下几方面的应用：

1. 实现线与

两个 OC 门实现线与时的电路如图1.15所示。此时的逻辑关系为：

$$Y = Y_1 \cdot Y_2 = \overline{AB} \cdot \overline{CD} = \overline{AB + CD}$$

即在输出线上实现了与运算，通过逻辑变换可转换为与或非运算。

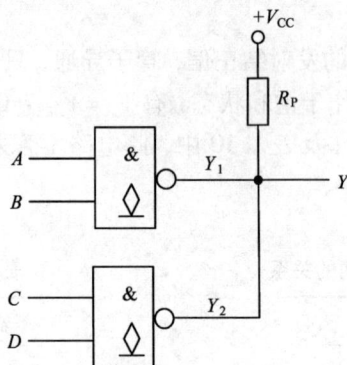

图 1.15　实现线与

在使用 OC 门进行线与时，外接上拉电阻 R_P 的选择非常重要，只有 R_P 选择得当，才能保证 OC 门输出满足要求的高电平和低电平。

假定有 n 个 OC 门的输出端并联，后面接 m 个普通的 TTL 与非门作为负载，如图 1.16 所示，则 R_P 的选择按以下两种最坏情况考虑：

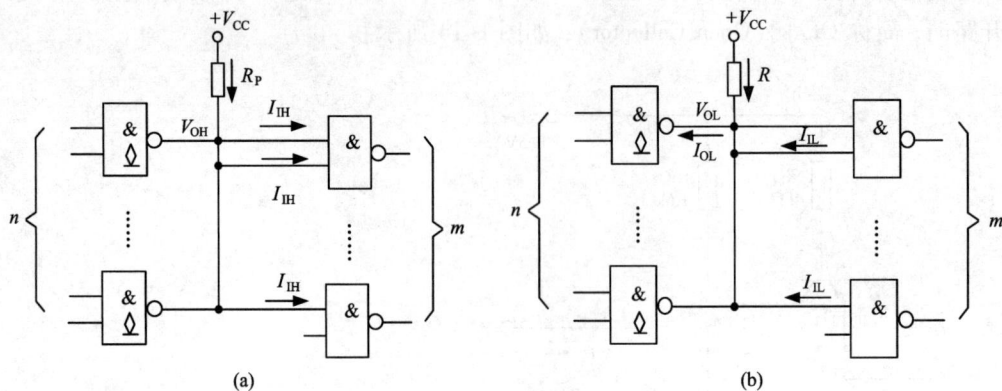

图 1.16　外接上拉电阻 R_P 的选择

2. 实现电平转换

在数字系统的接口部分(与外部设备相连接的地方)需要有电平转换的时候，常用 OC 门来完成。如图 1.17 把上拉电阻接到 10 V 电源上，这样在 OC 门输入普通的 TTL 电平，而输出高电平就可以变为 10 V。

3. 用做驱动器

可用它来驱动发光二极管、指示灯、继电器和脉冲变压器等。图 1.18 是用来驱动发光二极管的电路。

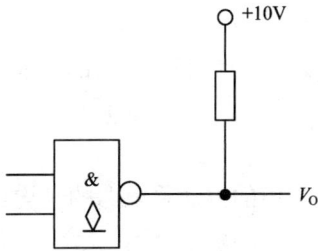

图 1.17 实现电平转换

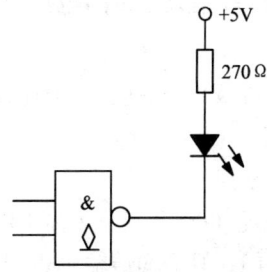

图 1.18 驱动发光二极管

4.5 三态输出与非门(TSL)

所谓三态输出与非门,是指与非门的输出有三个状态,即输出高电平、低电平和输出高阻状态(也称禁止状态)。因此,它具有推拉输出和集电极开路输出的优点。

见图 1.19,当 EN = 0 时,G 输出为 1,D_1 截止,与 P 端相连的 T_1 的发射结也截止。三态门相当于一正常的二输入端与非门,输出 Y = AB,称为正常工作状态。

当 EN = 1 时,G 输出为 0,即 $V_P = 0.3$ V,这一方面使 D_1 导通,$V_{C2} = 1$ V,T_4、D 截止;另一方面使 T_1 基极电压 $V_{B1} = 1$ V,T_2、T_3 也截止。这时从输出端 L 看进去,对地和对电源都相当于开路,呈现高阻。所以称这种状态为高阻态,或禁止态。

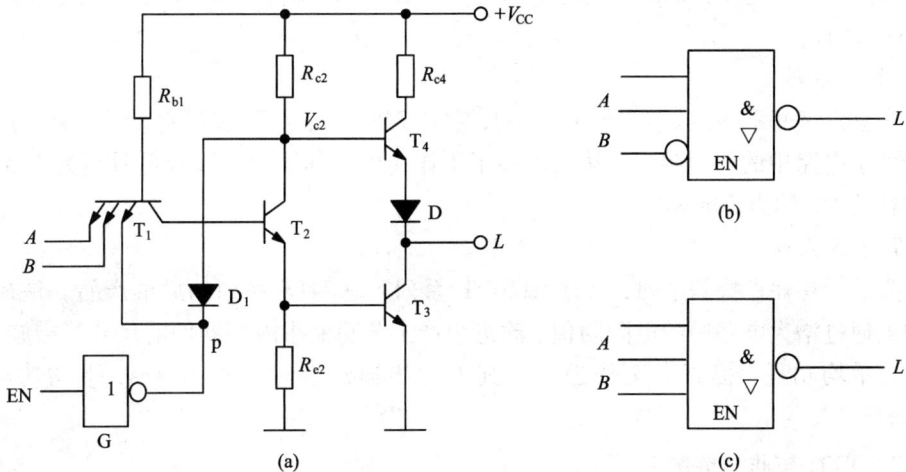

图 1.19 三态输出门
(a)电路图; (b)EN = 0 有效的逻辑符号; (c)EN = 1 有效的逻辑符号

这种 EN = 0 时为正常工作状态的三态门称为低电平有效的三态门。如果将图 1.19(a)中的非门 G 去掉,则使能端 EN = 1 时为正常工作状态,NE = 0 时为高阻状态,这种三态门称为高电平有效的三态门,逻辑符号如图 1.19(c)。

4.6　TTL 集成逻辑门电路系列简介

1. 74 系列

又称标准 TTL 系列，属中速 TTL 器件，其平均传输延迟时间约为 10ns，均功耗约为 10mW/每门。

2. 74L 系列

为低功耗 TTL 系列，又称 LTTL 系列。用增加电阻阻值的方法将电路的平均功耗降低为 1mW/每门，但平均传输延迟时间较长，约为 33ns。

3. 74H 系列

为高速 TTL 系列，又称 HTTL 系列。与 74 标准系列相比，电路结构上主要作了两点改进：一是输出级采用了达林顿结构；二是大幅度降低了电路中电阻的阻值，从而提高了工作速度和负载能力，但电路的平均功耗增加了。该系列的平均传输延迟时间为 6ns，平均功耗约为 22mW/每门。

4. 74S 系列

为肖特基 TTL 系列，又称 STTL 系列。与 74 系列与非门相比较，电路中采用了抗饱和三极管，有效地降低了三极管的饱和深度，进一步提高了电路的工作速度。

5. 74LS 系列

为低功耗肖特基系列，又称 LSTTL 系列。电路中采用了抗饱和三极管和专门的肖特基二极管来提高工作速度，同时通过加大电路中电阻的阻值来降低电路的功耗，从而使电路既具有较高的工作速度，又有较低的平均功耗。其平均传输延迟时间为 9ns，平均功耗约为 2mW/每门。

6. 74AS 系列

为先进肖特基系列，又称 ASTTL 系列，它是 74S 系列的后继产品。是在 74S 的基础上大大降低了电路中的电阻阻值，从而提高了工作速度。其平均传输延迟时间为 1.5ns，但平均功耗较大，约为 20mW/每门。

7. 74ALS 系列

为先进低功耗肖特基系列，又称 ALSTTL 系列，是 74LS 系列的后继产品。是在 74LS 的基础上通过增大电路中的电阻阻值、改进生产工艺和缩小内部器件的尺寸等措施，降低了电路的平均功耗、提高了工作速度。其平均传输延迟时间约为 4ns，平均功耗约为 1mW/每门。

4.7　TTL 与非门举例

7400 是一种典型的 TTL 与非门器件，内部含有 4 个 2 输入端与非门，共有 14 个引脚，引脚排列图如图 1.20 所示。

74LS20 为 TTL 双 4 输入与非门（或用高速 CMOS 集成电路 74HCT20）。具有两个 4 输入与非门，逻辑表达式为 $Y = \overline{ABCD}$。引脚排列图如图 1.21 所示。

5　逻辑代数

逻辑代数是分析与设计数字逻辑电路的数学工具，是英国数学家布尔于 1854 年提出的。因此，逻辑代数亦称为布尔代数。1938 年香农把逻辑代数用于开关和继电器网络的分析,率先将逻辑代数应用于解决实际问题,之后便广泛应用于数字系统,成为分析和设计数字逻辑电路的重要工具。

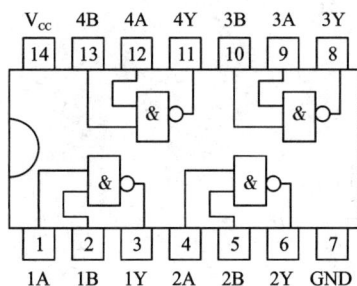

图1.20 7400 引脚排列图

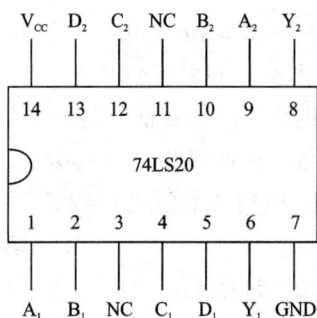

图1.21 74LS20 引脚排列图

逻辑代数运用代数的方法去研究逻辑问题,即采用二值函数进行逻辑运算,使一些用语言描述较为复杂的逻辑命题,通过使用数学语言变成了简单的代数式。逻辑代数研究的是输入条件和输出结果的因果关系,与普通代数有本质区别。逻辑代数有一系列的定律和规则,用它们对数学表达式进行处理,可以完成对电路的化简、变换、分析和设计。

5.1 逻辑代数的基本公式

1.逻辑代数基本公式和定理

常用的逻辑代数基本公式和定理如表1.11所示

表1.11 逻辑代数基本公式和定理

名称	公式和定理	
0、1律	$0 + A = A$ $1 + A = 1$	$1 \cdot A = A$ $0 \cdot A = 0$
重叠律	$A + A = A$	$A \cdot A = A$
互补律	$A + \overline{A} = 1$	$A \cdot \overline{A} = 0$
结合律	$(A + B) + C = A + (B + C)$	$(A \cdot B) \cdot C = A \cdot (B \cdot C)$
交换律	$A + B = B + A$	$A \cdot B = B \cdot A$
分配律	$A \cdot (B + C) = A \cdot B + A \cdot C$	$A + B \cdot C = (A + B)(A + C)$
反演律	$\overline{A \cdot B} = \overline{A} + \overline{B}$	$\overline{A + B} = \overline{A} \cdot \overline{B}$
还原律	$\overline{\overline{A}} = A$	

在逻辑代数中,只有逻辑乘(与运算)、逻辑加(或运算)和逻辑非(求反)这三种基本运算。任意复杂的逻辑运算都是由这三种基本运算组合而成。表1.11中的基本公式和定理就是根据逻辑乘、逻辑加和逻辑非这三种基本运算法则推导出来的。根据以上公式和定理还可推导出以下几个常用公式:

①$A + AB = A$ ②$A(A + B) = A$

③$A + \bar{A}B = A + B$ ④$AB + \bar{A}C + BC = AB + \bar{A}C$

⑤$AB + A\bar{B} = A$ ⑥$(A + B)(A + C) = A + BC$

⑦$\overline{A\bar{B} + \bar{A}B} = \bar{A}\bar{B} + AB$ ⑧$AB + \bar{A}C + BCD = AB + \bar{A}C$

2. 基本公式和定理的证明

(1)用简单的公式证明略为复杂的公式。

例 1.1 证明吸收律 $A + \bar{A}B = A + B$

证明：根据基本公式 $A + BC = (A + B)(A + C)$，则有

$$A + \bar{A}B = (A + \bar{A})(A + B) = A + B$$

例 1.2 证明 $\overline{A\bar{B} + \bar{A}B} = \bar{A}\bar{B} + AB$

证明：$\overline{A\bar{B} + \bar{A}B} = \overline{A\bar{B}} \cdot \overline{\bar{A}B}$

$$= (\bar{A} + B)(A + \bar{B})$$
$$= \bar{A}A + \bar{A}\bar{B} + AB + B\bar{B}$$
$$= \bar{A}\bar{B} + AB$$

例 1.3 证明 $AB + \bar{A}C + BCD = AB + \bar{A}C$

证明：$AB + \bar{A}C + BCD = AB + \bar{A}C + (A + \bar{A})BCD$

$$= AB + \bar{A}C + ABCD + \bar{A}BCD$$
$$= AB(1 + CD) + \bar{A}C(1 + BD)$$
$$= AB + \bar{A}C$$

从例 1.3 中可以看出：一个与或表达式中，一个乘积项中含有因子 A，另一个乘积项中含有因子 A 的反变量 $\bar{A}$，而这两个乘积项中其余的因子包含在第三个乘积项中，从以上证明可知这一项为多余项。因此，此公式又称为冗余律。

(2)用真值表证明，即检验等式两边函数的真值表是否一致。

在以上所有定律中，反演律具有特殊重要的意义。反演律又称为摩根定律，也叫去非法则，经常用于求一个函数的非函数或者对逻辑函数进行变换。该定律可用这真值表加以证明。

例 1.4 证明反演律 $\overline{A + B} = \bar{A} \cdot \bar{B}$，$\overline{A \cdot B} = \bar{A} + \bar{B}$

表 1.12 反演律的证明

A	B	$\overline{A + B}$	$\bar{A} \cdot \bar{B}$	$\overline{A + B}$	$\overline{A \cdot B}$
0	0	1	1	1	1
1	1	0	0	1	1
0	0	0	0	1	1
1	1	0	0	0	0

3. 逻辑代数的基本规则

(1)代入规则：

任何一个含有变量 A 的等式，如果将所有出现 A 的位置都用同一个逻辑函数代替，则等式仍然成立。这个规则称为代入规则。

例如，已知等式 $A(A+B)=A$，用函数 $Y=A+C$ 代替等式中的 A，根据代入规则，则有：$(A+C)(A+C+B)=A+C+AB+BC=A+C$，等式仍然成立。

（2）反演规则：

对于任何一个逻辑表达式 Y，如果将表达式中的所有"·"换成"＋"，"＋"换成"·"，"0"换成"1"，"1"换成"0"，原变量换成反变量，反变量换成原变量，那么所得到的表达式就是函数 Y 的反函数 $\overline{Y}$（或称补函数）。这个规则称为反演规则。反演律又称摩根定律。利用反演规则，可以非常方便地得到一个函数的反函数。

例 1.5 运用反演规则求 $Y=A\cdot\overline{B}+C\,\overline{D}E$ 的反函数。

解： $\overline{Y}=(\overline{A}+B)(\overline{C}+D+\overline{E})$

在应用反演规则时必须注意：不在一个变量上的非号应保持不变。下面举例说明。

例 1.6 运用反演规则求 $Y=\overline{A+B+\overline{C}+\overline{D}+E}$ 的反函数。

解： $\overline{Y}=\overline{A}\cdot\overline{B}\cdot C\cdot\overline{\overline{D}}\cdot\overline{E}$

利用反演规则，还可以比较方便地对逻辑函数进行变换。

例 1.7 运用反演规则将逻辑函数 $Y=AB+\overline{C}+D$ 变换成与非形式的函数。

解： $\overline{Y}=\overline{AB\cdot\overline{C}+D}=\overline{AB}\cdot\overline{\overline{C}\cdot\overline{D}}$

$Y=\overline{\overline{AB}\cdot\overline{C}\cdot\overline{D}}$

（3）对偶规则：

对于任何一个逻辑表达式 Y，如果将表达式中的所有"·"换成"＋"，"＋"换成"·"，"0"换成"1"，"1"换成"0"，那么所得到的新的函数表达式 Y'，称 Y' 为原函数 Y 的对偶式。反过来 Y 也是 Y' 的对偶函数。不难看出，表 1.11 所列基本公式中的左右两边的等式就互为对偶式。

对偶规则：如果两个逻辑函数表达式相等，那么它们的对偶式也一定相等。

例 1.8 运用对偶规则证明等式 $\overline{A}B+\overline{B}C+\overline{C}A=A\,\overline{B}+B\,\overline{C}+C\,\overline{A}$ 成立。

证明： 设等式左边为 Y_1，其对偶式为 Y'_1，等式右边为 Y_2，其对偶式为 Y'_2，则有

$$Y'_1=(\overline{A}+B)(\overline{B}+C)(\overline{C}+A) \qquad\qquad Y'_2=(A+\overline{B})(B+\overline{C})(C+\overline{A})$$

$$=(\overline{A}\,\overline{B}+\overline{A}C+B\,\overline{B}+BC)(\overline{C}+A) \qquad =(AB+\overline{B}\,\overline{C}+\overline{B}B+A\,\overline{C})(C+\overline{A})$$

$$=\overline{A}\,\overline{B}\,\overline{C}+ABC \qquad\qquad\qquad\qquad =\overline{A}\,\overline{B}\,\overline{C}+ABC$$

根据对偶规则，对偶式 $Y'_1=Y'_2$ 相等，则 $Y_1=Y_2$，等式成立。

例 1.9 已知公式 $AB+\overline{A}C+BC=AB+\overline{A}C$，运用对偶规则证明其对偶式成立。

证明： 设等式左边为 Y_1，其对偶式为 Y'_1，等式右边为 Y_2，其对偶式为 Y'_2，则有

$$Y'_1=(A+B)(\overline{A}+C)(B+C) \qquad\qquad Y'_2=(A+B)(C+\overline{A})$$

$$=(AC+\overline{A}B+BC)(B+C) \qquad\qquad =AC+\overline{A}B+BC$$

$$=ABC+AC+\overline{A}B+\overline{A}BC+BC$$

$$=AC+\overline{A}B+BC$$

可以看出，公式成立，其对偶式 $(A+B)(\overline{A}+C)(B+C)=(A+B)(\overline{A}+C)$ 也成立。

可见，利用对偶规则，可从已知公式中获得更多的运算公式。

5.2 逻辑函数的公式化简法

逻辑函数的化简是逻辑设计中的一个重要课题。同一个逻辑函数可以用多种表达式表

示，如 $Y = A + \overline{A}B$ 和 $Y = A + B$ 表示同一个逻辑函数。在设计数字电路时，通常要对逻辑函数化简，寻求最优的函数表达式，以便实现此函数时所用集成电路芯片少，电路更简单、经济、可靠。

1. 逻辑函数的最简"与 – 或表达式"的标准

逻辑函数化简后称为最简表达式。一个逻辑函数的表达式不是唯一的，可以有多种形式，根据表达式特点可分为：最简与 – 或式，最简或 – 与式，最简与非 – 与非式，最简或非 – 或非式，最简与 – 或非式五种，并且它们之间能互相转换。

例如：最简与或表达式 $Y = AC + \overline{A}B$，可变换成以下不同形式。

（1）将最简与或式两次求反，再运用摩根定律，就可得到最简与非 – 与非表达式。

$$Y = \overline{\overline{AC + \overline{A}B}} = \overline{\overline{AC} \cdot \overline{\overline{A}B}}$$

（2）用反演规则求 $Y = AC + \overline{A}B$ 的反函数的最简与或式，再对反函数求反，就可得到最简与或非表达式。

$$\overline{Y} = (\overline{A} + \overline{C})(A + \overline{B}) = \overline{A}\,\overline{B} + A\,\overline{C}$$

则

$$Y = \overline{\overline{Y}} = \overline{\overline{A}\,\overline{B} + A\,\overline{C}}$$

（3）对最简与或式两次用摩根定律，就可得到最简或与表达式。

$$Y = \overline{\overline{\overline{A}\,\overline{B} + A\,\overline{C}}} = \overline{\overline{\overline{A}\,\overline{B}} \cdot \overline{A\,\overline{C}}} = (A + B)(\overline{A} + C)$$

（4）对最简或与式两次求反，下面的反号运用摩根定律，就可得到最简或非 – 或非表达式。

$$Y = (A + B)(\overline{A} + C) = \overline{\overline{(A + B)(\overline{A} + C)}} = \overline{\overline{A + B} + \overline{\overline{A} + C}}$$

在以上各种表达形式中，其中与或表达式是逻辑函数的最基本表达形式。判断一个表达式是逻辑函数的最简"与 – 或表达式"的标准：

（1）与项最少，即表达式中"＋"号最少。

（2）每个与项中的变量数最少，即表达式中"·"号最少。

2. 用公式法化简逻辑函数

逻辑函数公式法化简是利用逻辑函数的基本定理和法则实现化简的。常用的方法有：

（1）并项法

运用公式　$AB + A\overline{B} = A$　如：

$$Y = ABC + A\overline{B}C = AC(B + \overline{B}) = AC$$

（2）吸收法

运用吸收律 $A + AB = A$，消去多余的与项。如：

$$Y = A\overline{B} + A\overline{B}(C + DE) = A\overline{B}$$

（3）消去法

运用吸收律 $A + \overline{A}B = A + B$，消去多余的因子。如：

$$Y = \overline{A} + AB + \overline{B}E = \overline{A} + B + \overline{B}E = \overline{A} + B + E$$

（4）配项法

先利用公式 $A + \overline{A} = 1$ 或加上 $A\overline{A}$ 给某个与项完成配项，并进一步化简逻辑函数：

$$Y = AB + \overline{A}C + BCD = AB + \overline{A}C + BCD(A + \overline{A})$$

$$= AB + \overline{A}C + BCDA + BCD\overline{A} = AB + \overline{A}C$$

在化简逻辑函数时，要灵活运用上述方法，才能将逻辑函数化为最简。再举几个例子：

例 1.10 化简函数 $Y = \overline{A}\,\overline{B} + \overline{B}\,\overline{C} + BC + AB$

解：$Y = \overline{A}\,\overline{B} + \overline{B}\,\overline{C} + BC + AB$

$$= \overline{A}\,\overline{B}(C + \overline{C}) + \overline{B}\,\overline{C} + BC(A + \overline{A}) + AB$$

$$= \overline{A}\,\overline{B}C + \overline{A}\,\overline{B}\,\overline{C} + \overline{B}\,\overline{C} + ABC + \overline{A}BC + AB$$

$$= \overline{B}\,\overline{C} + AB + \overline{A}C(B + \overline{B})$$

$$= \overline{B}\,\overline{C} + AB + \overline{A}C$$

例 1.11 化简函数 $Y = AD + A\overline{D} + AB + \overline{A}C + BD + A\overline{B}EF + \overline{B}EF$

解：$Y = A + AB + \overline{A}C + BD + A\overline{B}EF + \overline{B}EF$

$$= A + \overline{A}C + BD + \overline{B}EF$$

$$= A + C + BD + \overline{B}EF$$

例 1.12 化简逻辑函数 $Y = A\overline{B} + B\overline{C} + \overline{B}C + \overline{A}B$

解：给逻辑函数配上适当的项，再应用消去法化简。

方法一：$Y = A\overline{B} + B\overline{C} + \overline{B}C + \overline{A}B + A\overline{C}$（利用 $A\overline{B} + B\overline{C} + A\overline{C} = A\overline{B} + B\overline{C}$）

$$= A\overline{B} + B\overline{C} + \overline{A}B + A\overline{C}$$

$$= \overline{B}C + \overline{A}B + A\overline{C}$$

方法二：$Y = A\overline{B} + B\overline{C} + \overline{B}C + \overline{A}B + \overline{A}C$（利用 $\overline{B}C + \overline{A}B + \overline{A}C = \overline{B}C + \overline{A}B$）

$$= A\overline{B} + B\overline{C} + \overline{A}B + \overline{A}C$$

$$= A\overline{B} + B\overline{C} + \overline{A}C$$

由上例可知，逻辑函数的化简结果不是唯一的。

例 1.13 化简函数 $Y = ABC + A\overline{B}C + \overline{A}BC$

解：$Y = ABC + A\overline{B}C + \overline{A}BC$

$$= ABC + A\overline{B}C + \overline{A}BC + ABC$$

$$= AC + BC$$

例 1.14 化简函数 $Y = ABC + ABD + BC\overline{D} + B\overline{C}$

解：$Y = ABC + ABD + BC\overline{D} + B\overline{C}$

$$= B(AC + AD + \overline{C} + \overline{D})$$

$$= B(A + \overline{C} + \overline{D})$$

$$= AB + B\overline{C} + B\overline{D}$$

例 1.15 化简函数 $Y = \overline{\overline{ABC} + ABD + BE} + \overline{(DE + A\overline{D})\overline{B}}$

解：$Y = \overline{\overline{ABC} + ABD + BE} + \overline{(DE + A\overline{D})\overline{B}}$

$$= \overline{B(\overline{A}C + AD + E)} + \overline{DE + A\overline{D}} + B$$

$$= \overline{B} + \overline{A}C + AD + E + \overline{DE + A\overline{D}} + B$$

$$= 1$$

例 1.16 化简逻辑函数：$Y = AD + A\overline{D} + AB + \overline{A}C + BD + ACEF + \overline{B}E + DEF$

解：(1) 利用并项法将 $AD + A\overline{D}$ 合并成 A，于是得

$$Y = A + AB + \overline{A}C + BD + ACEF + \overline{B}E + DEF$$

（2）利用吸收法使 $A + AB + ACEF = A$，于是得

$$Y = A + \overline{A}C + BD + \overline{B}E + DEF$$

（3）利用消去法使 $A + \overline{A}C = A + C$，得到

$$Y = A + C + BD + \overline{B}E + DEF$$

（4）利用消项法使 $BD + \overline{B}E + DEF = BD + \overline{B}E$，得

$$Y = A + C + BD + \overline{B}E$$

采用公式法对逻辑函数进行化简时，可以看出其优点是不受变量数目的限制。缺点是没有固定的步骤可循，需要熟练运用各种公式和定理，在化简一些较为复杂的逻辑函数时还需要一定的技巧和经验，有时很难判定化简结果是否最简。

5.3 逻辑函数的卡诺图化简法

卡诺图是逻辑函数式的图解化简方法。它克服了公式化简法对最终化简结果难以确定等缺点。卡诺图化简法具有确定的化简步骤，能比较方便地获得逻辑函数的最简与－或表达式。特别是在实际工程设计中，卡诺图是把抽象逻辑描述的真值表转化为最简表达式的常用方法。

1. 最小项的定义与性质

最小项的定义：如果一个函数的某个乘积项包含了函数的全部变量，其中每个变量都以原变量或反变量的形式出现，且仅出现一次，则这个乘积项称为该函数的一个标准积项，通常称为最小项。

如 3 个变量 A、B、C 可组成 8 个最小项 $\overline{A}\,\overline{B}\,\overline{C}$、$\overline{A}\,\overline{B}C$、$\overline{A}B\overline{C}$、$\overline{A}BC$、$A\overline{B}\,\overline{C}$、$A\overline{B}C$、$AB\overline{C}$、$ABC$，那么 n 个变量逻辑函数的全部最小项共有 2^n 个。

最小项的编号：用 m 表示最小项，其下标为最小项的编号。编号的方法是：最小项中的原变量取 1，反变量取 0，则最小项取值为一组二进制数，对应的十进制数便为该最小项的编号。如三变量最小项 $\overline{A}BC$ 对应的变量取值为 101，它对应的十进制数为 5，因此，最小项 $\overline{A}BC$ 的编号为 m_5。依此类推，表 1.13 列出了三变量的八个最小项及编号。

表 1.13　三变量逻辑函数的最小项及编号

变量 $A\ B\ C$	m_0 $\overline{A}\,\overline{B}\,\overline{C}$	m_1 $\overline{A}\,\overline{B}C$	m_2 $\overline{A}B\overline{C}$	m_3 $\overline{A}BC$	m_4 $A\,\overline{B}\,\overline{C}$	m_5 $A\,\overline{B}C$	m_6 $AB\overline{C}$	m_7 ABC
0　0　0	1	0	0	0	0	0	0	0
0　0　1	0	1	0	0	0	0	0	0
0　1　0	0	0	1	0	0	0	0	0
0　1　1	0	0	0	1	0	0	0	0
1　0　0	0	0	0	0	1	0	0	0
1　0　1	0	0	0	0	0	1	0	0
1　1　0	0	0	0	0	0	0	1	0
1　1　1	0	0	0	0	0	0	0	1

分析上表,可以看出最小项的性质:

(1)任意一个最小项,只有一组变量取值使它的值为1,其余各组变量取值均使它值为0。

如 $\bar{A}\,\bar{B}\,\bar{C}$,有且只有当 A、B、C 取值为100时,$\bar{A}\,\bar{B}\,\bar{C}$ 的值才为1。

(2)任意两个不同的最小项的乘积必为0,如 $\bar{A}\,\bar{B}\,\bar{C} \cdot \bar{A}\,\bar{B}\,C = 0$。

(3)全部最小项的和必为1。

2. 逻辑函数的最小项表达式

任何一个逻辑函数表达式都可以转换为一组最小项之和,称为最小项表达式。对于不是最小项表达式的与或表达式,可利用公式 $A + \bar{A} = 1$ 和 $A(B+C) = AB + AC$ 来配项展开成最小项表达式。

例1.17　将下列逻辑函数转换成最小项表达式:

$$Y = AB + \bar{A}C$$

解:
$$Y = AB + \bar{A}C = AB(C + \bar{C}) + \bar{A}C(B + \bar{B})$$
$$= ABC + AB\bar{C} + \bar{A}BC + \bar{A}\,\bar{B}C$$
$$= m_7 + m_6 + m_3 + m_1$$
$$= \sum_m (1, 3, 6, 7)$$

例1.18　将下列逻辑函数转换成最小项表达式:

$$Y = AB + \overline{\overline{AB} + \bar{A}\,\bar{B} + \bar{C}}$$

解:
$$Y = AB + \overline{\overline{AB} + \bar{A}\,\bar{B} + \bar{C}}$$
$$= AB + \overline{\overline{AB}} \cdot \overline{\bar{A}\,\bar{B}} \cdot \overline{\bar{C}}$$
$$= AB + (\bar{A} + \bar{B})(A + B)C$$
$$= AB + \bar{A}BC + A\bar{B}C$$
$$= AB(C + \bar{C}) + \bar{A}BC + A\bar{B}C$$
$$= ABC + AB\bar{C} + \bar{A}BC + A\bar{B}C$$
$$= m_7 + m_6 + m_3 + m_5$$
$$= \sum_m (3, 5, 6, 7)$$

例1.19　将下列逻辑函数转换成最小项表达式:$Y = A + BC$

解:
$$Y = A + BC$$
$$= A(B + \bar{B})(C + \bar{C}) + BC(A + \bar{A})$$
$$= (AB + A\bar{B})(C + \bar{C}) + ABC + \bar{A}BC$$
$$= (AB\bar{C} + A\bar{B}C + AB\,\bar{C} + ABC + \bar{A}BC)$$
$$= m_6 + m_5 + m_4 + m_7 + m_3$$
$$= \sum_m (3, 4, 5, 6, 7)$$

3. 卡诺图

(1) 相邻最小项

如果两个最小项中只有一个变量互为反变量,其余变量均相同,则称这两个最小项为逻辑相邻,简称相邻项。例如,最小项 ABC 和 $AB\bar{C}$ 就是相邻最小项。

如果最小项在卡诺图中满足以下任何一种情况的最小项则称为几何相邻,也简称相邻项。

① 相接 —— 挨着的最小项;

② 相对 —— 一行或一列两头的最小项;

③ 相重 —— 对折起来能够重合的最小项。

如果两个相邻最小项出现在同一个逻辑函数中,可以合并为一项,同时消去互为反变量的那个量。如 $AB C + A\overline{B}C = AC(B + \overline{B}) = AC$。

(2) 卡诺图

用小方格来表示最小项,一个小方格代表一个最小项,然后将这些最小项按照相邻性排列起来。即用小方格几何位置上的相邻性来表示最小项逻辑上的相邻性。

(3) 卡诺图的结构

① 二变量卡诺图。

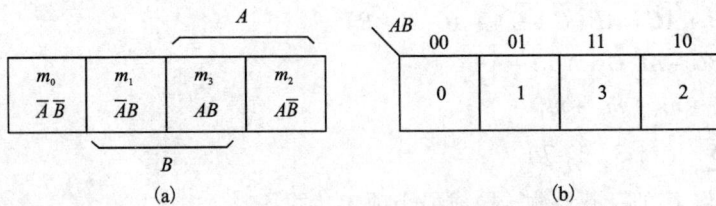

图 1.22　二变量卡诺图

② 三变量卡诺图。

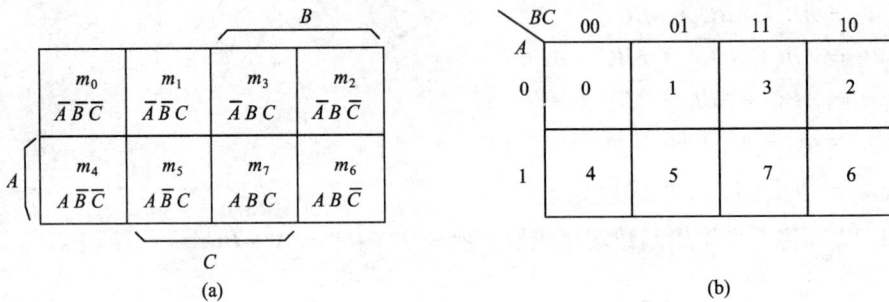

图 1.23　三变量卡诺图

③ 四变量卡诺图。

仔细观察可以发现,卡诺图具有很强的相邻性:

① 直观相邻性,只要小方格在几何位置上相邻(不管上下左右),它代表的最小项在逻辑上一定是相邻的。如三变量卡诺图中 $\overline{A}\,\overline{B}C$ 与 $A\overline{B}C$ 上下相邻,$\overline{A}\,\overline{B}C$ 与 $\overline{A}BC$ 左右相邻。

② 对边相邻性,即与中心轴对称的左右两边和上下两边的小方格也具有相邻性。如四变量卡诺图中 $A\overline{B}\,\overline{C}\,\overline{D}$ 与 $\overline{A}\,\overline{B}\,\overline{C}\,\overline{D}$ 上下对边相邻。

4. 用卡诺图表示逻辑函数

(1) 从真值表到卡诺图

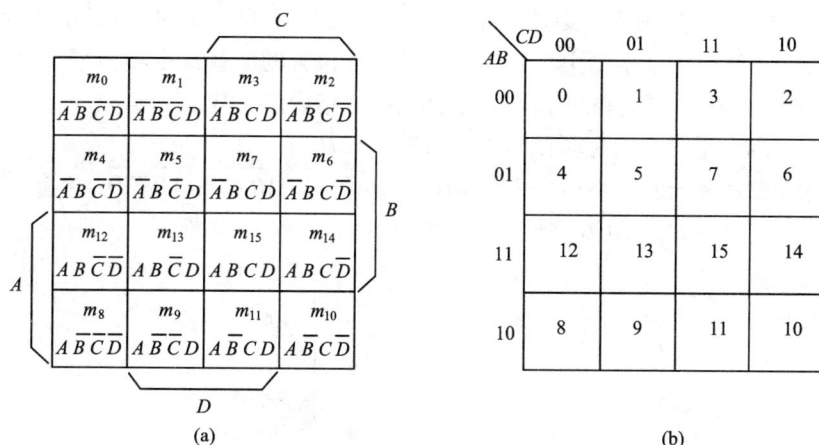

图 1.24 四变量卡诺图

例 1.20 某逻辑函数的真值表如表 1.14 所示，用卡诺图表示该逻辑函数。

表 1.14 例 1.20 真值表

A	B	C	Y	A	B	C	Y
0	0	0	0	1	0	0	0
0	0	1	0	1	0	1	0
0	1	0	1	1	1	0	1
0	1	1	1	1	1	1	1

解： 该函数为三变量，先画出三变量卡诺图，然后根据真值表将 8 个最小项的取值 0 或者 1 填入卡诺图中对应的 8 个小方格中即可，则卡诺图如图 1.25 所示。

（2）从逻辑表达式到卡诺图

① 逻辑函数是以最小项表达式给出：在卡诺图上那些与给定逻辑函数的最小项相对应的方格内填入 1，其余的方格内填入 0。

例 1.21 用卡诺图表示逻辑函数 $Y = \overline{A}\,\overline{B}\,\overline{C} + \overline{A}BC + AB\overline{C} + ABC$：

解： 画出三变量卡诺图，如图 1.26 所示，分别在 4 个最小项所对应的小方格内填入 1，其余的方格内填入 0。

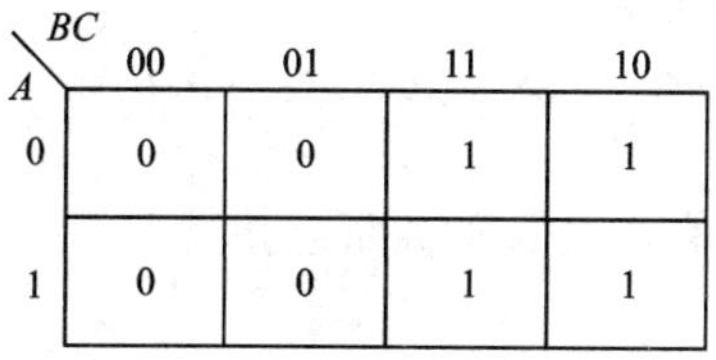

图 1.25 例 1.20 卡诺图

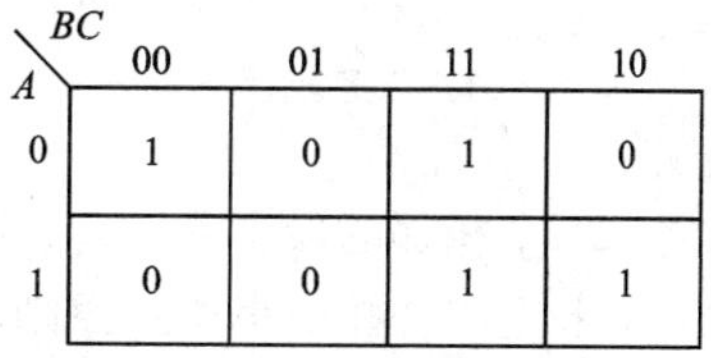

图 1.26 例 1.21 卡诺图

② 逻辑函数以一般的逻辑表达式给出：先将函数变换为与或表达式（不必变换为最小项之和的形式），然后在卡诺图上与每一个乘积项所包含的那些最小项（该乘积项就是这些最小项的公因子）相对应的方格内填入 1，其余的方格内填入 0。

例 1.22　用卡诺图表示逻辑函数 $Y = A\overline{B} + \overline{B}CD$

解： 含有 $A\overline{B}$ 公因子的最小项有 4 个：$A\overline{B}CD$，$A\overline{B}\overline{C}D$，$A\overline{B}C\overline{D}$，$A\overline{B}\,\overline{C}\,\overline{D}$；含有 $\overline{B}CD$ 公因子的最小项有 2 个：$\overline{A}\overline{B}CD$，$A\overline{B}CD$。画出对应的卡诺图，如图 1.27 所示。

AB\\CD	00	01	11	10
00	0	0	0	0
01	0	1	0	0
11	0	1	0	0
10	1	1	1	1

图 1.27　例 1.22 卡诺图

5. 卡诺图化简逻辑函数

（1）卡诺图化简逻辑函数的原理

① 2 个相邻的最小项结合，可以消去 1 个取值不同的变量而合并为 1 项。

② 4 个相邻的最小项结合，可以消去 2 个取值不同的变量而合并为 1 项。

③ 8 个相邻的最小项结合，可以消去 3 个取值不同的变量而合并为 1 项。

如图 1.28 给出了 4 变量最小项的合并的几种情况。

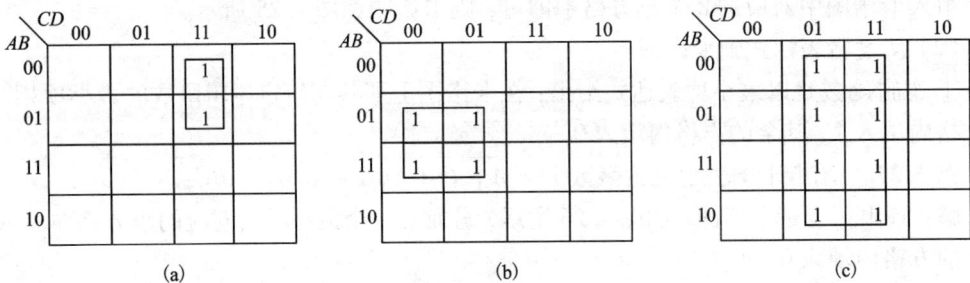

图 1.28　4 变量最小项的合并

（a）消去 B 变量，$Y = \overline{A}CD$　（b）消去 AD 变量，$Y = B\overline{C}$　（c）消去 ABC 变量，$Y = D$

总之，2^n 个相邻的最小项结合，可以消去 n 个取值不同的变量而合并为 1 项。

（2）用卡诺图合并最小项的原则（画圈的原则）

① 尽量画大圈，但每个圈内只能含有 $2^n(n = 0, 1, 2, 3, \cdots)$ 个相邻项。要特别注意对边相邻性和四角相邻性。

② 圈的个数尽量少。

③ 卡诺图中所有取值为 1 的方格均要被圈过，即不能漏下取值为 1 的最小项。

④ 在新画的包围圈中至少要含有 1 个未被圈过的 1 方格，否则该包围圈是多余的。

（3）用卡诺图化简逻辑函数的步骤：

① 画出逻辑函数的卡诺图。

② 合并相邻的最小项，即根据前述原则画圈。

③ 写出化简后的表达式。每一个圈写一个最简与项，规则是，取值为 l 的变量用原变量表示，取值为 0 的变量用反变量表示，将这些变量相与。然后将所有与项进行逻辑加，即得最简与 – 或表达式。

例 1.23　用卡诺图化简逻辑函数：$Y(A, B, C, D) = \sum_m(0, 2, 4, 5, 6, 7, 9, 15)$

解：（1）由表达式画出 4 变量卡诺图，如图 1.29 所示。

（2）画包围圈，合并最小项。

（3）写出简化的与 – 或表达式 $Y = \overline{A}\,\overline{D} + \overline{A}B + BCD + A\overline{B}\,\overline{C}D$

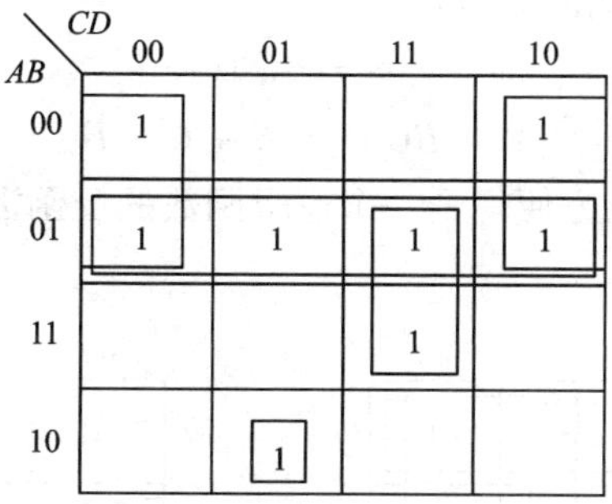

图 1.29　例 1.23 卡诺图

例 1.24　某逻辑函数的真值表如表 1.15 所示，用卡诺图化简该逻辑函数。

表 1.15　例题 1.24 真值表

A	B	C	Y	A	B	C	Y
0	0	0	0	1	0	0	1
0	0	1	1	1	0	1	1
0	1	0	1	1	1	0	1
0	1	1	1	1	1	1	0

解：（1）由真值表画出卡诺图。（2）画包围圈合并最小项。

有两种画圈的方法，如图 1.30 所示。

由（a）得：$Y = A\overline{C} + \overline{B}C + \overline{A}B$，由（b）得：$Y = A\overline{B} + B\overline{C} + \overline{A}C$

由上可知，一个逻辑函数的真值表是唯一的，卡诺图也是唯一的，但化简结果即一个函数的最简表达式可能不是唯一的，当然实现这一函数的逻辑电路也不是唯一的。

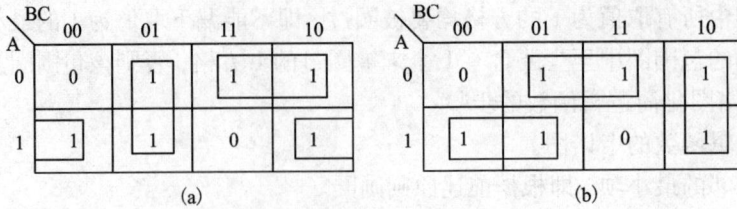

图 1.30　例 1.24 卡诺图

(4) 卡诺图化简逻辑函数的另一种方法 —— 圈 0 法

例 1.25　已知逻辑函数的卡诺图如图 1.31 所示,分别用"圈 1 法"和"圈 0 法"写出其最简与 — 或式。

解: (1) 图 a 中用圈 1 法画包围圈,得:

$$Y = \overline{B} + C + D$$

(2) 图 b 中用圈 0 法画包围圈,得:

$$\overline{Y} = B\overline{C}\,\overline{D}$$

$$Y = \overline{B\overline{C}\,\overline{D}} = \overline{B} + C + D$$

由上可知,用圈 0 法可以方便得到一个逻辑函数的反函数。

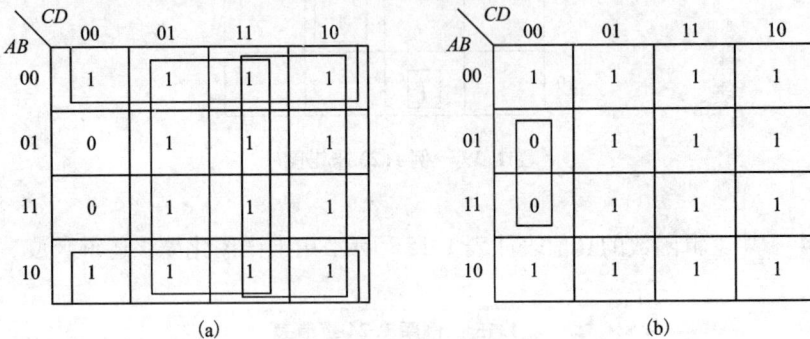

图 1.31　例 1.25 卡诺图

5.4　具有无关项的逻辑函数的化简

1. 无关项

在有些逻辑函数中,输入变量的某些取值组合不会出现,或者一旦出现,逻辑值可以是任意的。这样的取值组合所对应的最小项称为无关项、任意项或约束项。

例 1.26　在十字路口有红绿黄三色交通信号灯,规定红灯亮停,绿灯亮行,黄灯亮等一等,试分析车行与三色信号灯之间的逻辑关系。

解: 设红、绿、黄灯分别用 A、B、C 表示,且灯亮为 1,灯灭为 0。车用 Y 表示,车行 $Y = 1$,车停 $Y = 0$。列出该函数的真值表如表 1.16 所示。

显而易见,在这个函数中,有 5 个最小项为无关项。无关项用 d 表示,在真值表、卡诺图中用"×"表示。带有无关项的逻辑函数的最小项表达式为 $Y = \sum m(\quad) + \sum d(\quad)$,如例 1.26 中函数可写成 $Y = \sum m(2) + \sum d(0, 3, 5, 6, 7)$。

表 1.16 例题 1.26 真值表

红灯 A	绿灯 B	黄灯 C	车 Y	红灯 A	绿灯 B	黄灯 C	车 Y
0	0	0	×	1	0	0	0
0	0	1	0	1	0	1	×
0	1	0	1	1	1	0	×
0	1	1	×	1	1	1	×

2. 具有无关项的逻辑函数的化简

化简具有无关项的逻辑函数时，要充分利用无关项可以当 0 也可以当 1 的特点，尽量扩大卡诺圈，使逻辑函数更简单。

例 1.27 某逻辑函数输入是 $8421BCD$ 码，其逻辑表达式为：

$Y(A, B, C, D) = \sum_m(1, 4, 5, 6, 7, 9) + \sum_d(10, 11, 12, 13, 14, 15)$用卡诺图法化简该逻辑函数。

解：（1）画出 4 变量卡诺图，如图 1.32 所示。将 1、4、5、6、7、9 号小方格填入 1；将 10、11、12、13、14、15 号小方格填入 ×。

（2）如果考虑无关项，合并最小项，如图 1.32（a）所示。

注意：无关项是不能出现的最小项，它的取值对逻辑函数值没有任何影响。因此无关项可以取 1 也可以取 0，即 × 方格根据化简需要，可以圈入，也可以放弃。

写出逻辑函数的最简与或表达式：$Y = B + \overline{C}D$

（3）如果不考虑无关项，如图 1.32（b）所示，写出表达式为：$Y = \overline{A}B + \overline{B}\,\overline{C}D$

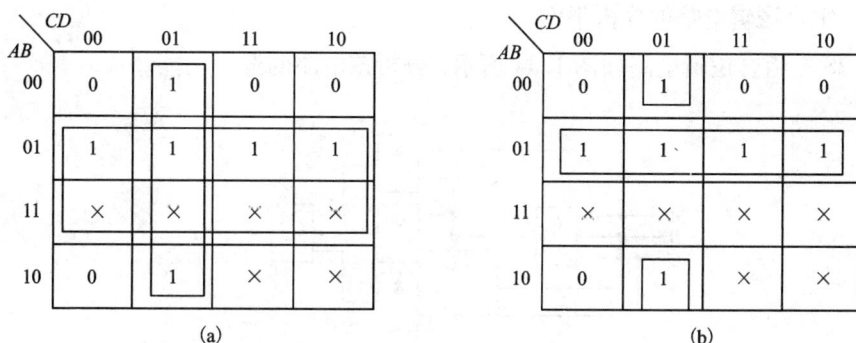

图 1.32 例 1.27 卡诺图

显然，利用无关项化简，可以使逻辑表达式更简单。

6 组合逻辑电路的分析

组合逻辑电路是数字电路中的重要组成部分。电路任一时刻的输出状态只决定于该时刻各输入状态的组合,而与电路的原状态无关。组合电路就是由门电路组合而成,电路中没有记忆单元,没有反馈通路。

组合逻辑电路可以有一个或多个输入端,也可以有一个或多个输出端。其一般示意框图如图 1.33 所示。

图 1.33   组合逻辑电路的一般框图

6.1   组合逻辑电路的分析步骤

如图 1.33 所示,各输出仅与各输入的即时状态有关,其函数表达式如下:

$$\begin{cases} Y_0 = f_0(I_0, I_1, \cdots, I_{n-1}) \\ Y_1 = f_1(I_0, I_1, \cdots, I_{n-1}) \\ Y_{m-1} = f_{m-1}(I_0, I_1, \cdots, I_{n-1}) \end{cases}$$

分析组合逻辑电路的目的是为了确定已知电路的逻辑功能,其分析步骤如下:

(1) 由逻辑图写出输出端的逻辑表达式。

(2) 运用逻辑代数化简或变换各逻辑表达式,得到最简式。

(3) 列出真值表。

(4) 根据真值表和逻辑表达式分析逻辑电路,最后确定其逻辑功能。

6.2   组合逻辑电路的分析举例

例 1.28   组合逻辑电路如图 1.34 所示,分析该电路的逻辑功能。

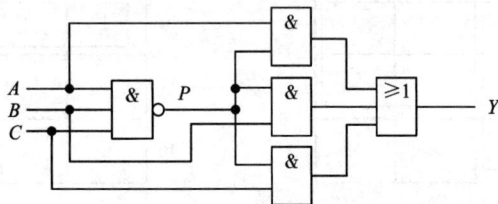

图 1.34   例 1.28 图

解:(1) 由逻辑图逐级写出逻辑表达式。为了写表达式方便,借助中间变量 P。

$P = \overline{ABC}$

$Y = AP + BP + CP = A\,\overline{ABC} + B\,\overline{ABC} + C\,\overline{ABC}$

(2) 化简与变换:

$$Y = \overline{ABC}(A + B + C) = \overline{\overline{ABC} + \overline{A + B + C}} = \overline{\overline{ABC} + \overline{A}\,\overline{B}\,\overline{C}}$$

（3）由表达式列出真值表。

表 1.17　例题 1.38 真值表

A	B	C	Y	A	B	C	Y
0	0	0	0	1	0	0	1
0	0	1	1	1	0	1	1
0	1	0	1	1	1	0	1
0	1	1	1	1	1	1	0

（4）分析逻辑功能：

当 A、B、C 三个变量不一致时，电路输出为"1"，所以这个电路称为不一致电路。

例 1.29　有双输入端、双输出端的组合逻辑电路如图 1.35 所示，分析该电路的功能。

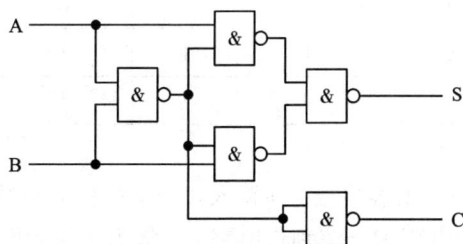

图 1.35　例 1.29 图

解：（1）由逻辑图逐级写出逻辑表达式。

$$S = \overline{A \cdot \overline{AB}} \cdot \overline{B \cdot \overline{AB}} \qquad C = \overline{\overline{AB}} = AB$$

（2）化简与变换，写出最简表达式。

$$S = A \cdot \overline{AB} + B \cdot \overline{AB} = A(\overline{A} + \overline{B}) + B(\overline{A} + \overline{B}) = A\overline{B} + \overline{A}B = A \oplus B$$

$$C = AB$$

（3）由表达式列出真值表，如表 1.18 所示。

表 1.18　例 1.29 真值表

输　入		输　出		输　入		输　出	
A	B	S	C	A	B	S	C
0	0	0	0	1	0	1	0
0	1	1	0	1	1	0	1

（4）分析逻辑功能：

由真值表可知，若把 A、B 看成是两个二进制数，则 S 是二者之和，C 是向高位的进位。这种电路可用于实现两个1位二进制数的相加，实际上是运算器中的最基本单元电路，称为半加器。

例 1.30 分析图 1.36 所示逻辑电路的功能。

解：（1）由逻辑图逐级写出逻辑表达式，并化简

$$Y_1 = A \oplus B$$

$$Y = Y_1 \oplus C = A \oplus B \oplus C = \overline{A}\,\overline{B}C + \overline{A}B\overline{C} + A\overline{B}\,\overline{C} + ABC$$

（2）由表达式列出真值表，如表 1.19 所示。

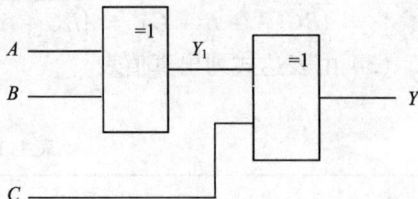

图 1.36　例 1.30 图

表 1.19　例 1.30 真值表

A	B	C	Y	A	B	C	Y
0	0	0	0	1	0	0	1
0	0	1	1	1	0	1	0
0	1	0	1	1	1	0	0
0	1	1	0	1	1	1	1

（3）逻辑功能分析：由真值表看出：在输入 A、B、C 三个变量中，有奇数个1时，输出 Y 为1，否则 Y 为0。因此，电路为三位判奇电路，又称为奇校验电路。

7　组合逻辑电路的设计

组合逻辑电路的设计与组合逻辑电路的分析过程相反，互为逆过程。设计组合逻辑电路是设计者按照给定的具体逻辑问题设计出最简单逻辑电路，并将其用最合理的逻辑电路实现。组合逻辑电路的设计通常以电路简单，所用器件最少为目标。

7.1　组合逻辑电路的设计步骤

步骤如图 1.37 所示：

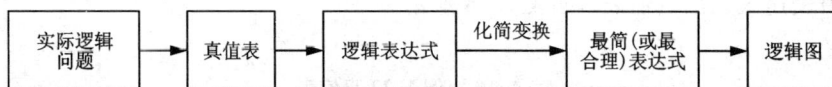

图 1.37　设计过程的基本步骤

（1）分析设计要求，定义输入变量和输出变量。

（2）根据所要实现的逻辑功能列出真值表。

（3）由真值表求出逻辑函数表达式。

（4）化简逻辑函数。

（5）根据最简（或最合理）表达式，画出相应的逻辑图。

7.2　组合逻辑电路的设计举例

在设计组合逻辑电路时,需要考虑几个工程中的实际问题:① 输入信号可以是原变量,也可以是反变量。在输入信号具有反变量的条件下,有时运用反变量常常可以简化实际电路。② 应考虑信号的传输时间及门电路的带负载能力。③ 电路的结构应紧凑,实际设计中应根据具体情况,尽可能减少所用元器件的数量和种类。④ 实际应用中,经常采用的现成产品大多数为与非门、或非门、与或非门,因此在组合电路设计时,还应对最简表达式进行变换。

例 1.31　设计一个电话机信号控制电路。电路有 I_0(火警)、I_1(盗警)和 I_2(日常业务)三种输入信号,通过排队电路分别从 Y_0、Y_1、Y_2 输出,在同一时间只能有一个信号通过。如果同时有两个以上信号出现时,应首先接通火警信号,其次为盗警信号,最后是日常业务信号。试按照上述轻重缓急设计该信号控制电路。要求用集成门电路 7400(每片含 4 个 2 输入端与非门)实现。

解:(1)列真值表,见表 1.20 所示。

表 1.20　例 1.31 真值表

输	入		输	出	
I_0	I_1	I_2	Y_0	Y_1	Y_2
0	0	0	0	0	0
1	×	×	1	0	0
0	1	×	0	1	0
0	0	1	0	0	1

(2)由真值表写出各输出的逻辑表达式:

$$Y_0 = I_0$$
$$Y_1 = \bar{I_0}I_1$$
$$Y_2 = \bar{I_0}\,\bar{I_1}I_2$$

(3)根据要求,将上式转换为与非表达式:

$$Y_0 = I_0$$
$$Y_1 = \overline{\overline{I_0}I_1}$$
$$Y_2 = \overline{\overline{I_0}\,\overline{I_1}I_2}$$

(4)画出逻辑图如图 1.38 所示。

例 1.32　用与非门设计一个举重裁判表决电路。设举重比赛有 3 个裁判,一个主裁判和两个副裁判。杠铃完全举上的裁决由每一个裁判按一下自己面前的按钮来确定。只有当两个或两个以上裁判判明成功,并且其中有一个为主裁判时,表明成功的灯才亮。

解:(1)分析设计要求,列出真值表见表 1.21 所示。

设主裁判为变量 A,副裁判分别为 B 和 C,按下按钮为 1,不按为 0。表示成功与否的灯

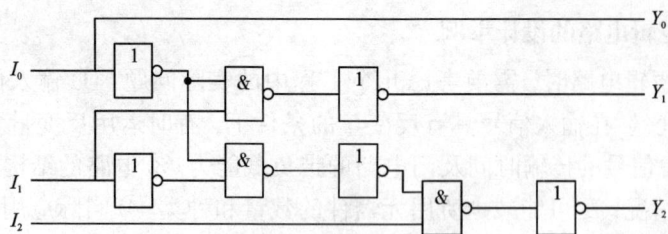

图 1.38　例 1.31 卡诺图

为 Y，灯亮为 1，灯不亮为 0。

表 1.21　例 1.32 真值表

A	B	C	Y	A	B	C	Y
0	0	0	0	1	0	0	0
0	0	1	0	1	0	1	1
0	1	0	0	1	1	0	1
0	1	1	0	1	1	1	1

（2）由真值表写出表达式：

$$Y = A\overline{B}C + AB\overline{C} + ABC$$

（3）画出卡诺图，见图 1.39，并化简逻辑函数。

通过化简得到最简与非表达式 $Y = AB + AC = \overline{\overline{AB} \cdot \overline{AC}}$。

（4）画出逻辑电路图，见图 1.40。

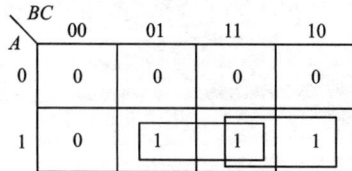

图 1.39　例 1.32 卡诺图

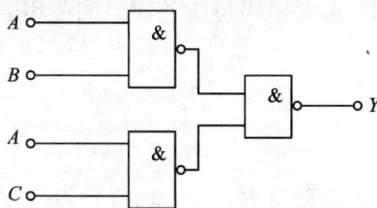

图 1.40　例 1.32 逻辑图

　　例 1.33　双联开关控制楼梯照明电灯电路如图 1.41 所示，设计一个楼上、楼下开关的控制逻辑电路，要求上楼时，先在楼下开灯，上楼后在楼上顺手把灯关掉；下楼时可在楼上开灯，在下楼后再把灯关掉。

　　解：设楼上开关为 A，楼下开关为 B，灯泡为 Y；并设 A、B 向上扳时为 1，向下扳时为 0；灯亮时 Y 为 1，灯灭时 Y 为 0。

　　（5）根据逻辑要求列出真值表，如表 1.22 所示。

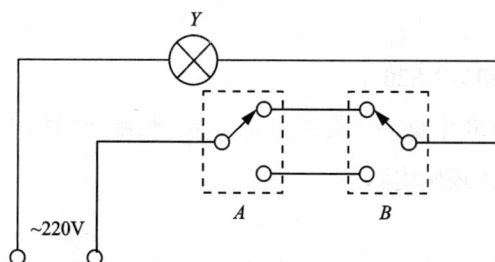

图 1.41　例 1.33 电路图

表 1.22　例 1.33 真值表

A	B	Y	A	B	Y
0	0	1	1	0	0
0	1	0	1	1	1

（2）由真值表写出逻辑表达式，再变换成与非表达式

$$Y = AB + \overline{A}\,\overline{B} = A \odot B$$

（3）根据逻辑表达式，可知逻辑关系属同或关系，画出相应逻辑电路图。

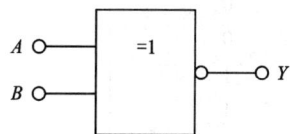

图 1.42　例 1.33 逻辑电路图

三、任务实现

1　电路与原理

三人表决器的参考原理图如图 1.43 所示。

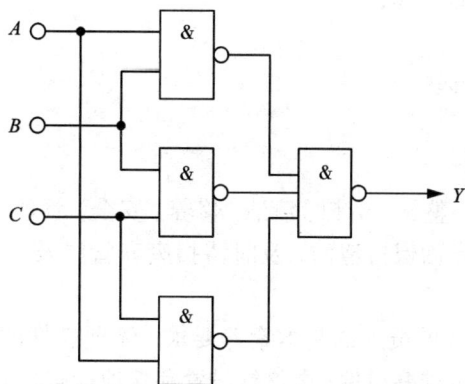

图 1.43　三人表决器的原理图

2　技能要求

2.1　检测 74LS00 和 74LS20

检测 74LS00 和 74LS20 中每一个集成门的功能，判断所用集成片的功能是否正常。

2.2　安装、测试表决逻辑电路

（1）安装电路。

（2）接通电源 V_{cc}，分别测试输入不同组合的逻辑电平时电路的输出逻辑电平。将结果填入表 1.23 中，验证表决逻辑电路的逻辑功能。

表 1.23　三人表决器功能调试结果表

输入			输出
A	B	C	Y
0	0	0	
0	0	1	
0	1	0	
0	1	1	
1	0	0	
1	0	1	
1	1	0	
1	1	1	

2.3　完成下列工艺文件

（1）由三人表决器得功能分析写出真值表，并与功能调试结果表相比较，确定任务完成情况；

（2）由真值表写出逻辑表达式；

（3）将上式化简得最简与 – 或表达式；

（4）列出器材工具设备清单；

（5）画出电路装配图；

（6）简述电路装调的步骤。

3　素养要求

符合企业的 6S（整理、整顿、清扫、清洁、修养、安全）管理要求。能按要求进行仪器／工具的定置和归位，工作台面保持清洁，及时清扫废弃管脚及杂物等。能事前进行接地检查，具有安全用电意识。

符合电子产品生产企业的员工的基本素养要求，体现良好的工作习惯。如：尽量避免裸手接触可焊接表面；不可堆叠组件；电烙铁设置和接地检查，先无电或弱电检测（用电压表或万用表）再上电检测；电源或信号输出先检测无误再断电接上作品后再接上电；掌握好仪器的通或断电顺序；详细记录实验环境和数据等。

4 评分标准

任务的评分标准分职业素养与操作规范、作品两个方面，每个部分各占成绩的50%，职业素养与操作规范、作品两项均需合格，总成绩评定为合格。具体评分标准见表1.24所示。

表1.24 三人表决器的组装与调试的评分标准

评价内容		分值	考核点	备注
职业素养与操作规范（50分）		5	正确着装与佩戴防护用具，做好工作前准备	出现明显失误造成元件或仪器、设备损坏等安全事故；严重违反纪律，造成恶劣影响的此项计0分
		5	采用正确方法选择电器元器件	
		10	合理选择设备或工具，对元件进行成型和插装	
		5	正确选择装配工具和材料，装配过程符合手工装配和焊接操作要求	
		15	合理选择仪器仪表，正确操作仪器设备对电路进行调试	
		5	按正确流程装调，并及时记录装调数据	
		5	任务完成，整齐摆放工具、凳子，整理工作台面等符合"6S"要求	
作品（50分）	工艺	20	电路板作品要求符合IPC-A-610标准中各项可接受条件的要求，即符合标准中的元件成型、插装、手工焊接等工艺要求的可接受最低条件 1.元器件选择正确 2.成型和插装符合工艺要求 3.元件引脚和焊盘浸润良好，无虚焊、空洞或堆焊现象 4.无短路现象	
	功能	20	电路通电正常工作，且各项功能完好，功能缺失按比例扣分	
	指标	10	测试参数正确，即各项技术参数指标测量值上下限不超过要求的10%	

小 结

1.时间上和数值上是连续变化的信号，称为模拟信号，在时间上和数值上不连续的（即离散的）信号，称为数字信号。在数字电路中，电压和电流的值是突变的，因而可以用二进制中的"0"和"1"表示逻辑变量的两种状态。

2.数字电路指的是能对数字信号进行传输、存储、控制，以及对数字信号进行加工处理和进行算术运算和逻辑运算的电路。数字电路的输入变量和输出变量之间的关系可以用逻辑代数来描绘。基本的逻辑运算是与运算、或运算、非运算。

3.数制是一种计数方法，它是计数进位制的总称。我们习惯用十进制数，而在数字系统中进行数字的运算和处理采用的是二进数制、八进制数、十六进制数。

4.常用的逻辑函数表示方法有真值表、函数表达式、逻辑图等，它们之间可以任意地相互转换。对于一个具体的逻辑函数，究竟采用哪种表示方式应视实际需要而定。在使用时应充分利用每一种表示方式的优点。由于由真值表到逻辑图和由逻辑图到真值表的转换直接涉及数字电路的分析和设计问题，因此显得更为重要。

5.逻辑代数是分析和设计逻辑电路的工具。工程实际逻辑问题可用逻辑函数来描述。逻辑函数有逻辑函数表达式、真值表、逻辑图和卡诺图四种常用的表示方法，它们之间可以相互转换。

6.化简逻辑函数有两种方法，即公式法和卡诺图法。公式法是用逻辑代数的基本公式与规则进行化简，需要熟记基本公式和规则，并且要有一定的运算技巧和经验。适合多变量的逻辑函数化简。卡诺图法是基于合并相邻最小项的原理进行化简的，特点是简单、直观，不易出错，有一定的步骤和方法可循。特别适合五变量以内的逻辑函数化简。

7.组合逻辑电路的特点是，电路任一时刻的输出状态只决定于该时刻各输入状态的组合，而与电路的原状态无关。组合电路就是由门电路组合而成，电路中没有记忆单元，没有反馈通路。

8.组合逻辑电路的分析步骤为：写出各输出端的逻辑表达式 → 化简和变换逻辑表达式 → 列出真值表 → 确定逻辑功能。

9.组合逻辑电路的设计步骤为：对实际问题进行逻辑抽象，定义输入变量和输出变量 → 根据设计要求列出真值表 → 写出逻辑表达式(或填写卡诺图) → 逻辑化简和变换 → 画出逻辑图。

习题一

1.1　将下列二进制数转换为十进制数：

(1)10010111

(2)100010011011

(3)00011100100

1.2　将下列十进制数转换为二进制数：

(1)127

(2)254.25

(3)43

1.3　将下列二进制数转换为八进制数、十六进制数：

(1)$(10011001.101)_2$

(2)$(11010011.1)_2$

(3)$(1100111011)_2$

1.4　将下列八进制数转换为二进制数：

(1)40

（2）345

（3）567

1.5　将下列十六进制数转换为二进制数：

（1）5E

（2）A6C

（3）74F

1.6　将下列十六进制数转换为十进制数：

（1）$(103.2)_{16}$

（2）$(A45D.0BC)_{16}$

1.7　试写出题图1各逻辑图的表达式。

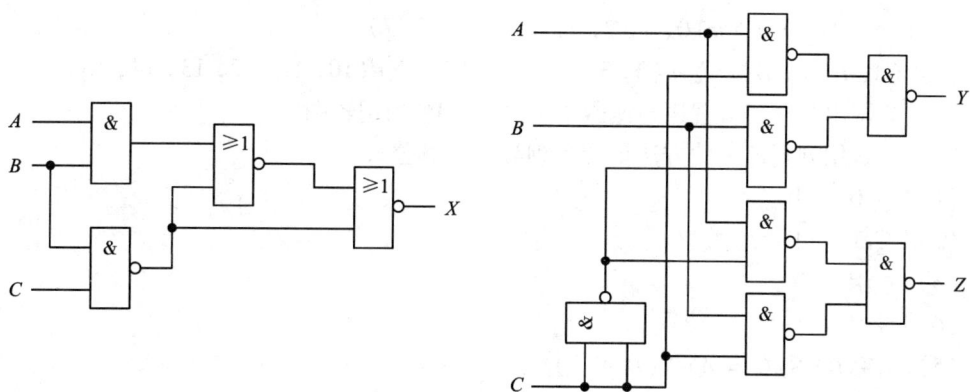

题图1

1.8　已知真值表如题表1所示，试写出对应的逻辑表达式。

题表1

A	B	C	Y	A	B	C	Y
0	0	0	0	1	0	0	1
0	0	1	1	1	0	1	0
0	1	0	1	1	1	0	0
0	1	1	0	1	1	1	1

1.9　用公式法化简下列逻辑函数。

（1）$Y = A\overline{B} + B + \overline{A}B$

（2）$Y = \overline{A}B\overline{C} + A + \overline{B} + C$

（3）$Y = ABC + A\overline{B}C + AB\overline{C}$

（4）$Y = A\overline{B}CD + ABD + A\overline{C}D$

（5）$Y = (A + B + \overline{C})(A + B + C)$

（6）$Y = \overline{A}\,\overline{B}\,\overline{C} + A + B + C$

$(7)\,Y = \overline{AD + A\overline{D} + \overline{A}B + \overline{A}\overline{C} + BFE + CEFG}$

$(8)\,Y = \overline{AB + \overline{A}\,\overline{B} + \overline{A}B + A\overline{B}}$

$(9)\,Y(A,\,B,\,C) = \sum m(0,\,1,\,2,\,3,\,4,\,5,\,6,\,7)$

$(10)\,Y(A,\,B,\,C) = \sum m(0,\,1,\,2,\,3,\,4,\,6,\,7)$

1.10 用卡诺图化简下列逻辑函数：

$(1)\,Y(A,\,B,\,C) = \sum m(0,\,2,\,4,\,7)$

$(2)\,Y(A,\,B,\,C) = \sum m(0,\,1,\,2,\,3,\,4,\,6,\,7)$

$(3)\,Y(A,\,B,\,C) = \sum m(2,\,6,\,7,\,8,\,9,\,10,\,11,\,13,\,14,\,15)$

$(4)\,Y(A,\,B,\,C,\,D) = \sum m(1,\,5,\,6,\,7,\,11,\,12,\,13,\,15)$

$(5)\,Y = \overline{A}\,\overline{B}\,\overline{C} + \overline{A}B\,\overline{C} + A\overline{C}$

$(6)\,Y = \overline{\overline{ABC} + A\,\overline{B}C + AB\,\overline{C}}$

$(7)\,Y(A,\,B,\,C) = \sum m(0,\,1,\,2,\,3,\,4) + \sum d(5,\,7)$

$(8)\,Y(A,\,B,\,C,\,D) = \sum m(2,\,3,\,5,\,7,\,8,\,9) + \sum d(10,\,11,\,12,\,13,\,14,\,15)$

1.11 画出与非门实现逻辑函数 $Y = AB + AC$ 的逻辑图。

1.12 试用列真值表的方法证明下列异或运算公式。

$(1)\,A \oplus 0 = A$

$(2)\,A \oplus 1 = \overline{A}$

$(3)\,A \oplus A = 0$

$(4)\,A \oplus \overline{A} = 1$

$(5)\,(A \oplus B) \oplus C = A \oplus (B \oplus C)$

$(6)\,A(B \oplus C) = AB \oplus AC$

$(7)\,A \oplus \overline{B} = \overline{A \oplus B} = A \oplus B \oplus 1$

1.13 证明下列等式。

$(1)\,\overline{A}\,\overline{B} + \overline{A}B + A\overline{B} + AB = 1$

$(2)\,A + A\overline{B}\,\overline{C} + \overline{A}CD + (\overline{C} + \overline{D})E = A + CD + E$

$(3)\,\overline{A\overline{B} + \overline{A}B} = AB + \overline{A}\,\overline{B}$

$(4)\,A\overline{B} + BD + DCE + D\overline{A} + \overline{B}D = A\overline{B} + D$

1.14 已知逻辑函数 $Y = \overline{A}C + A\overline{B} + B\overline{C}$，试分别用真值表、卡诺图、逻辑电路图表示。

1.15 用8421编码表示十进制数 $0 \sim 9$，其中 $1010 \sim 1111$ 六个状态不可能出现，是无关项。要求当十进制数为奇数时，输出 $Y = 1$，求实现这一逻辑函数的最简逻辑表达式和逻辑图。

1.16 组合电路如题图2所示，试分析该电路输入输出的逻辑关系。

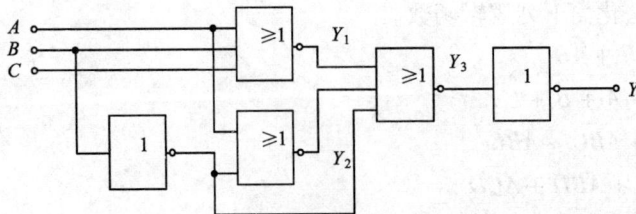

题图2

1.17　用与非门设计一个四变量表决电路。当变量 A、B、C、D 有 3 个或 3 个以上为 1 时，输出为 $Y = 1$，输入为其他状态时输出 $Y = 0$。

1.18　逻辑电路如题图 3 所示，试分析其逻辑功能。

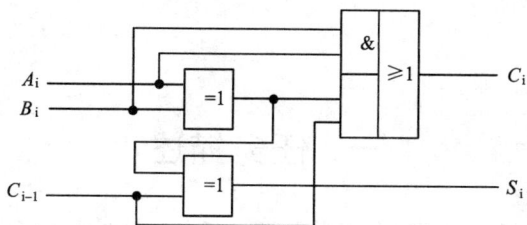

题图 3

1.19　设计一个能比较两个一位数字大小的逻辑电路。

1.20　根据下列文字描述建立真值表：

（1）设 Y 是逻辑变量 A、B、C、D 的函数，当变量组合中出现偶数个 1 时，$Y = 1$，否则 $Y = 0$。

（2）设 Y 是逻辑变量 A、B、C 的函数，当 A、B 变量取值完全一致时，$Y = 1$，否则 $Y = 0$。

1.21　设四台设备 A、B、C、D 有以下控制要求：（1）若 A 开机则 B 必须开机；（2）若 B 开机则 C 必须开机；（3）若 B 开机则 D 不允许开机。如不能满足以上要求，则发出报警信号。试写出发出报警信号的逻辑表达式。

项目二　简易密码锁

一、任务描述

　　某企业承接了一批简易密码锁的组装与调试任务。请按照相应的企业生产标准完成该产品的组装和调试,实现该产品的基本功能,满足相应的技术指标,并正确填写测试报告。为很好地完成任务,认识密码锁的结构和原理,必须先学习以下的相关知识。

二、知识准备

1　触发器的基本电路

1.1　基本 RS 触发器

　　把两个或非门的输入输出端交叉连接,即可构成基本 RS 触发器,其逻辑电路及逻辑符号如图 2.1 所示。正常工作时,触发器的两个输出端 Q 和 $\overline{Q}$ 应保持相反。

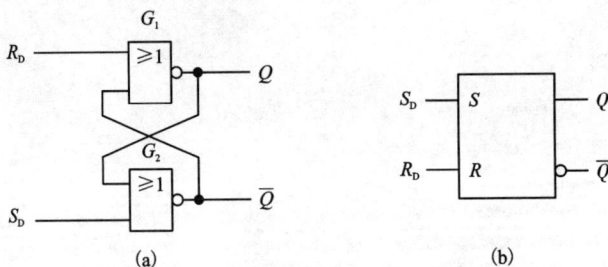

图 2.1　两个或非门组成的基本 RS 触发器

(a)逻辑图;(b)逻辑符号

　　由或非门的逻辑关系,可知触发器的逻辑表达式为

$$Q = \overline{R + \overline{Q}} \tag{2.1.1}$$

$$\overline{Q} = \overline{S + Q} \tag{2.1.2}$$

　　根据输入信号的不同状态,触发器的输出与输入之间的关系有以下四种情况:

　　(1) $R = 1$、$S = 0$

　　由(2.1.1)可知,不论触发器的初始状态如何,Q 一定为 0,由于或非门 2 的输入全是 0,$\overline{Q}$ 端应为 1。一般规定触发器 Q 端的状态作为触发器的状态,此时称触发器为 0 状态。$R = 1$、$S = 0$ 时触发器处于 0 状态,称为置 0 或复位,由于 $R = 1$ 为置 0 的决定性条件,所以

称 R 端为置 0 端。

（2）$R=0$、$S=1$

由电路和对称性知，这时 $Q=1$、$\overline{Q}=0$，触发器处于 1 状态。$R=0$、$S=1$ 使触发器处于 1 状态，称为置 1 或置位，同理 S 端称为置 1 端。

（3）$R=0$、$S=0$

两或非门的状态由原来的 $\overline{Q}$ 和 Q 的状态决定，由（2.1.1）和（2.1.2）可知，触发器维持原来状态不变。

综合以上三种情况，我们可以这样理解：这个触发器有高电平有效的输入信号，又称为触发信号，当它（高电平）出现在 R 端则置 0，当它出现在 S 端则置 1，当它不出现时电路保持原来状态不变。

（4）$R=1$、$S=1$

显然此时两个或非门的输出端 Q 和 $\overline{Q}$ 全为 0，而当这两个触发信号同时撤去，即回到 0 后，触发器的状态将不能确定是 1 还是 0，因此称这种状态为不定状态，这种情况应当避免出现。

综上所述，基本 RS 触发器的功能表如表 2.1 所示。

表 2.1　两个或非门组成的基本 RS 触发器的功能表

R	S	Q
1	0	0
0	1	1
0	0	不变
1	1	不定

此外还可以用两个与非门的输入输出端交叉连接构成基本 RS 触发器，其逻辑图和逻辑符号如图 2.2 所示。

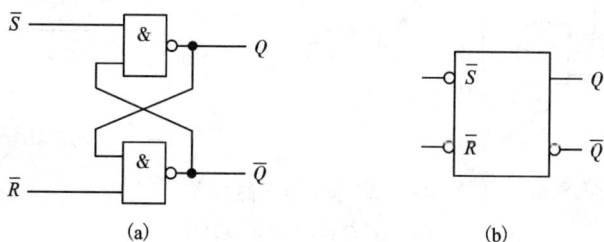

图 2.2　两个与非门组成基本 RS 触发器

（a）逻辑图；（b）逻辑符号

由逻辑图可得出其逻辑表达式为

$$Q^{n+1} = \overline{\overline{S}\ \overline{Q^n}} \tag{2.1.3}$$
$$\overline{Q^{n+1}} = \overline{\overline{R}Q^n} \tag{2.1.4}$$

根据逻辑表达式可得出触发器的功能表，如表 2.2 所示。

表 2.2 两个与非门组成的基本 *RS* 触发器的功能表

$\bar{R}$	$\bar{S}$	Q
0	1	0
1	0	1
1	1	不变
0	0	不定

这种触发器的触发信号是低电平有效，因此在逻辑符号的方框外侧的输入端处添加小圆圈作为标志。

1.2 同步触发器

1. 同步 *RS* 触发器

上述所讲的基本 *RS* 触发器的触发翻转直接由输入信号控制，而数字系统中常要求输入信号只在某一特定的时刻起作用，即按一定的节拍将输入信号反映在触发器的输出端。这就需要外加一个时钟脉冲控制端 *CP* 来进行控制，只有在 *CP* 脉冲到来时触发器才能动作，至于触发器输出变为什么状态，仍由输入端 *R* 及 *S* 的信号决定。这种方式可以使多个触发器同步触发翻转，所以这种触发器叫做同步 *RS* 触发器。

同步 *RS* 触发器电路结构及逻辑符号如图 2.3 所示。由图可知，输入 *S*、*R* 信号要经过门 G_3 和 G_4 传递，而这两个门同时受 *CP* 信号控制，当 *CP* 为 0 时，G_3 和 G_4 被封锁，*S*、*R* 不影响触发器的状态，当 *CP* 为 1 时，G_3 和 G_4 打开，将 *S*、*R* 端信号送到基本 *RS* 触发器的输入端，使触发器有所动作。

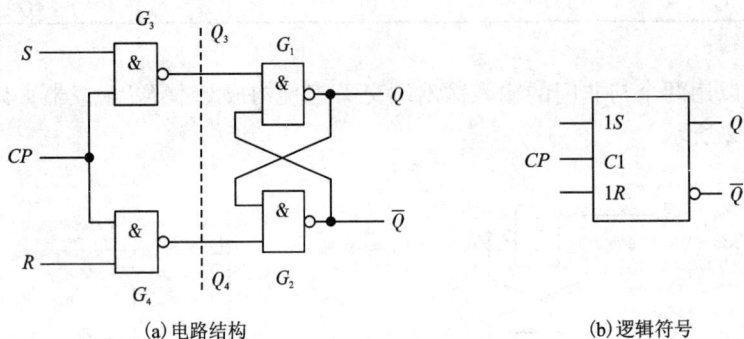

(a)电路结构   (b)逻辑符号

图 2.3 同步 *RS* 触发器

(a)电路结构；(b)逻辑符号

由触发器的结构我们可以得出其逻辑表达式为

$$Q = \overline{Q_3 \cdot \bar{Q}} = \overline{\overline{S \cdot CP} \cdot \bar{Q}}$$

$$\bar{Q} = \overline{Q_4 \cdot Q} = \overline{\overline{R \cdot CP} \cdot Q}$$

当 $CP = 1$ 时，上两式可简化为

$$Q = \overline{\bar{S} \cdot \bar{Q}} \tag{2.1.5}$$

$$\bar{Q} = \overline{\bar{R} \cdot Q} \tag{2.1.6}$$

式(2.1.5)和式(2.1.6)等号两边的 Q 的意义是不一样的：等号右边的 Q 表示 CP 作用前触发器的状态，称为原态；左边的 Q 则表示 CP 作用后触发器的状态，称为现态。为了区分原态与现态，我们将前者用 Q^{n-1} 表示，后者用 Q^n 表示。则式(2.1.5)和式(2.1.6)可改写为

$$Q^{n+1} = \overline{\overline{S} \cdot \overline{Q^n}} \tag{2.1.7}$$

$$\overline{Q^{n+1}} = \overline{\overline{R} \cdot Q^n} \tag{2.1.8}$$

由式(2.1.7)和式(2.1.8)可得同步 RS 触发器的功能表，如表2.3所示，其中 $R = S = 1$ 时，触发器为不定状态，应当避免。

表 2.3　两个与非门组成的基本 RS 触发器的功能表

R	S	Q^n	Q^{n+1}
0	0	0	0
		1	1
0	1	0	0　1
		1	0　1
1	0	0	1　0
		1	1　0
1	1	0	—
		1	—

根据功能表，同步 RS 触发器的逻辑功能可用如下表达式表示：

$$\begin{cases} Q^{n+1} = S + \overline{R}Q^n \\ RS = 0 \end{cases} \tag{2.1.9}$$

式(2.1.9)称为触发器的特性方程。约束方程是指 $R = S = 1$ 时，触发器为不定状态，应当避免。

2. 同步 JK 触发器

JK 触发器也是从 RS 触发器演变而来的，是针对 RS 触发器逻辑功能不完善的又一改进。JK 触发器的控制输入端是 J 和 K。同步 JK 触发器电路结构及逻辑符号如图2.4所示。

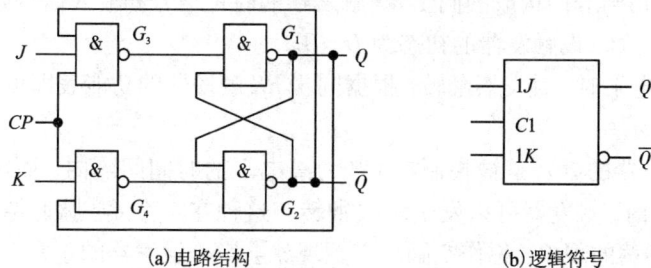

(a)电路结构　　　　　　(b)逻辑符号

图 2.4　同步 JK 触发器

同步 JK 触发器逻辑功能如下：

当 $CP=0$ 时，G_3、G_4 被封锁，都输出 1，触发器保持原状态不变。

当 $CP=1$ 时，G_3、G_4 解除封锁，输入 J、K 端的信号可控制触发器的状态。

(1) 当 $J=K=0$ 时，G_3、G_4 都输出 1，触发器保持原状态不变。

(2) 当 $J=1$、$K=0$ 时，不论触发器原来什么状态，则在 CP 由 0 变为 1 后，触发器翻转到和 J 相同的 1 状态。

(3) 当 $J=0$、$K=1$ 时，不论触发器原来什么状态，则在 CP 由 0 变为 1 后，触发器翻转到和 J 相同的 0 状态。

(4) 当 $J=K=1$ 时，每输入一个时钟脉冲 CP，触发器的状态变化一次，电路处于计数状态。

同步 JK 触发器特性方程：

$$Q^{n+1} = J\bar{Q}^n + \bar{K}Q^n \quad (CP=1 \text{ 期间有效}) \tag{2.1.10}$$

3. 同步 T 触发器

T 触发器可看成是 JK 触发器在 $J=K$ 条件下的特例，它有一个控制端 T。同步 T 触发器电路结构及逻辑符号如图 2.5 所示。

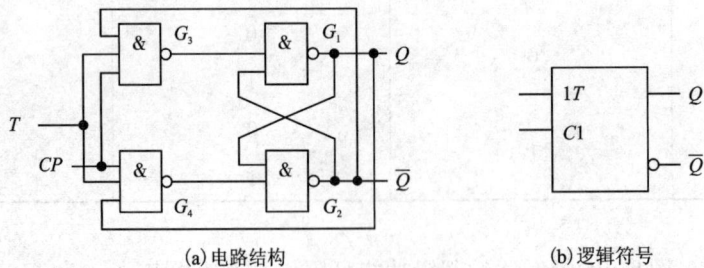

(a) 电路结构   (b) 逻辑符号

图 2.5 同步 T 触发器

其特性方程为：$Q^{n+1} = T\bar{Q}^n + \bar{T}Q^n$

4. 同步 T' 触发器

如果将 T 输入端恒接高电平，那么就成了所谓 T' 触发器，T' 触发器可看成 T 触发器在 T 恒等于 1 条件下特例，其特征方程是：

$$Q^{n+1} = \bar{Q}^n$$

例 2.1 已知由与非门构成的同步 RS 触发器的时钟信号和输入信号如图 2.6 所示，试画出 Q 和 $\bar{Q}$ 端的波形，设触发器的初态为 $Q=0$。

解：在 CP 高电平时，触发器翻转，根据同步 RS 触发器的功能表即可画出 Q 和 $\bar{Q}$ 端的波形，如图 2.6 所示。

因为这种触发器的翻转是被控制在 CP 为高电平的时间间隔内，而不是在某一时刻，所以一个 CP 周期内，触发器可以发生多次翻转。这种在一个 CP 脉冲期间触发器的输出产生多次翻转或振荡的现象，称作空翻。空翻现象会影响触发器的正常工作，应当避免。

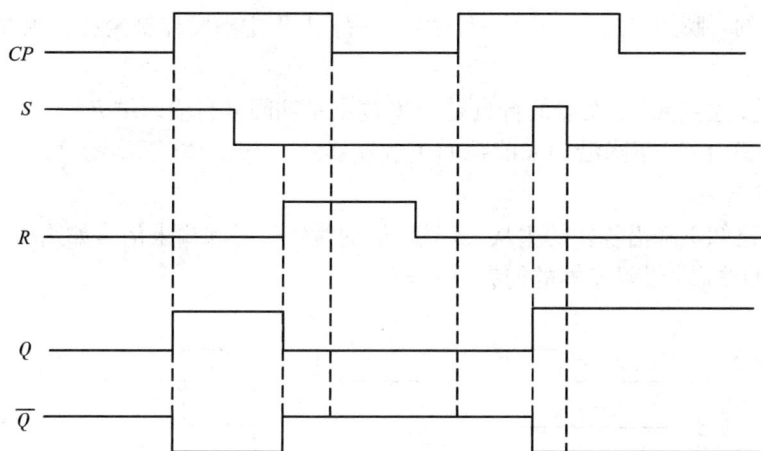

图2.6　例2.1图

1.3　主从触发器

1. 主从 RS 触发器

主从触发器由两级触发器构成，第一级接收输入信号，称为主触发器；第二级的输入与第一级的输出相连，其状态由主触发器的状态决定，称为从触发器。

图2.7 是由两个同步 RS 触发器构成的主从 RS 触发器，它的主从两级都是同步 RS 触发器，由于非门的作用，两级的时钟脉冲刚好互补。下面分析其工作原理。

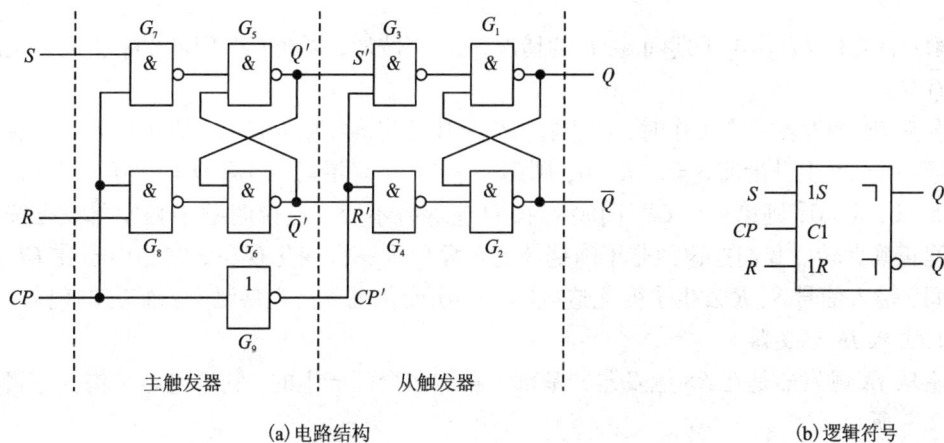

图2.7　由同步 RS 触发器构成的主从 RS 触发器

(a)电路结构；(b)逻辑符号

当 $CP=1$ 时，主触发器的输入门 G_7 和 G_8 打开，主触发器根据 R、S 的状态触发翻转；由于 G_9 的作用，从触发器的时钟 $CP'=0$，G_3 和 G_4 封锁，从触发器的状态不受主触发器影响，保持不变。

当 CP 由1变0，即时钟脉冲的下降沿到来后，以上情况则发生相反变化，这时 G_7 和 G_8 被封锁，主触发器的状态不受输入信号 R、S 的影响；而 G_3 和 G_4 打开，从触发器可以依据主触发器的输出状态 Q' 和 $\overline{Q'}$ 触发翻转。值得注意的是，主从 RS 触发器的翻转实际上是在 CP 下降沿的一瞬间完成的，CP 一旦达到 0 后，由于主触发器被封锁，触发器的状态也不可能再改变。

综上所述，主从 RS 触发器的特点是：CP 高电平期间来自输入端 R、S 的信号引起主触发器翻转，但只有 CP 下降沿到来前瞬间主触发器的状态在 CP 下降沿这一时刻被送到触发器最终的输出端。

例 2.2 已知下降沿翻转的主从 RS 触发器的时钟信号和输入信号如图 2.8 所示，试画出 Q 和 $\overline{Q}$ 端的波形，设触发器的初态为 $Q=0$。

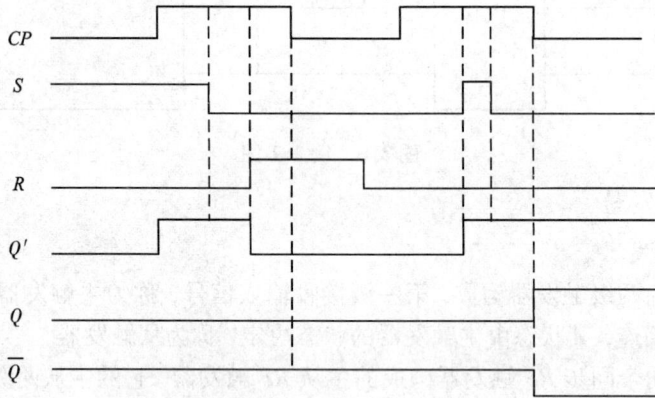

图 2.8 例 2.2 波形图

解： 首先由 CP 高电平期间 S、R 的情况作出 Q' 波形，再在 CP 下降沿将 Q' 波形反映到 Q 和 $\overline{Q}$ 端。

主从 RS 触发器正常工作时，应当在 CP 上升沿前接收输入信号，在 CP 下降沿触发翻转。第一个 CP 上升沿前 $S=1$，$R=0$，则第一个 CP 下降沿后，应有 $Q=1$，第二个 CP 上升沿前 $S=0$，$R=0$，则第二个 CP 下降沿后，Q 应保持不变。这说明题中触发器没有按照特性方程正确翻转。我们把这种非正确翻转的现象称为一次变化现象，它是由于在 CP 高电平期间，输入信号 S、R 发生了变化造成的。一次变化现象是主从触发器特有的现象。

2. 主从 JK 触发器

主从 JK 触发器是在 RS 触发器的基础上稍加改变而产生的，它的电路结构及逻辑符号如图 2.9 所示。

由电路结构图可知，将主从 RS 触发器的输出信号 $\overline{Q}$ 回送到输入端，与输入信号 J 一起送入 G_7，将 Q 也回送到输入端，与输入信号 K 一起送入 G_8，就构成了主从 JK 触发器。与主从 RS 触发器的电路结构图比较可知，$J\overline{Q}$ 相当于 RS 触发器的输入信号 S，KQ 相当于 RS 触发器的输入信号 R，代入式(2.1.9)即可得主从 JK 触发器的特性方程

$$Q^{n+1}=J\overline{Q^n}+\overline{K}Q^n \tag{2.1.11}$$

JK 触发器与 RS 触发器不同的是，它没有约束条件。

由特性方程可以得到 JK 触发器的功能表，如表 2.4 所示。

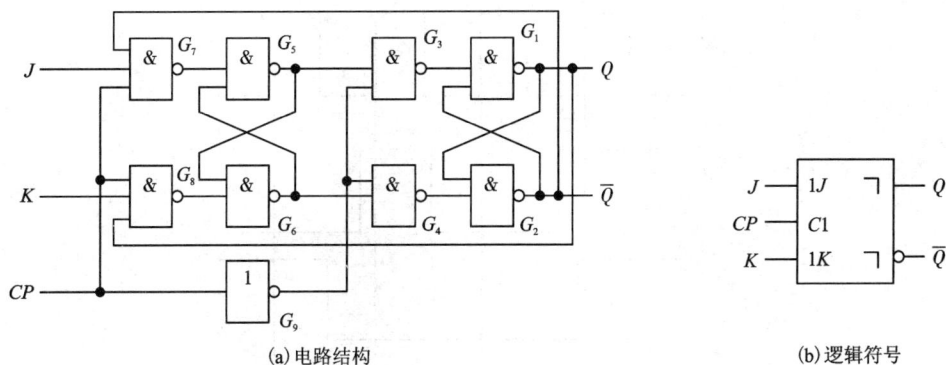

(a)电路结构　　　　　　　　　　　　　　　　(b)逻辑符号

图 2.9　主从 JK 触发器

表 2.4　主从 JK 触发器的功能表

J	K	Q^n	Q^{n+1}	功能
0	0	0	0	保持
0	0	1	1	保持
0	1	0	0	置0
0	1	1	0	置0
1	0	0	1	置1
1	0	1	1	置1
1	1	0	1	翻转(计数)
1	1	1	0	翻转(计数)

　　主从 JK 触发器与主从 RS 触发器一样，存在一次变化现象。可以证明，在 CP 高电平期间输入信号 J 或 K 从 0 变到 1 将会产生一次变化现象。

　　例 2.3　已知下降沿翻转的主从 JK 触发器的时钟信号和输入信号如图所示，试画出 Q 和 $\overline{Q}$ 端的波形，设触发器的初态为 $Q=1$。

　　解：由于不存在一次变化现象产生的条件，由 JK 触发器的功能表及触发方式可知 Q 和 $\overline{Q}$ 端的波形如图 2.10 所示。

2　边沿触发器

　　为了克服同步触发器存在的空翻现象以及主从触发器存在的一次翻转现象，提高触发器抗干扰工作能力和工作可靠性，我们希望触发器只在时钟脉冲的上升沿或下降沿才接收信号，并按输入信号翻转，而在其他时刻，触发器将保持状态不变，这样的触发器称为边沿触发器。边沿触发器以其较强的抗干扰能力而被广泛应用。

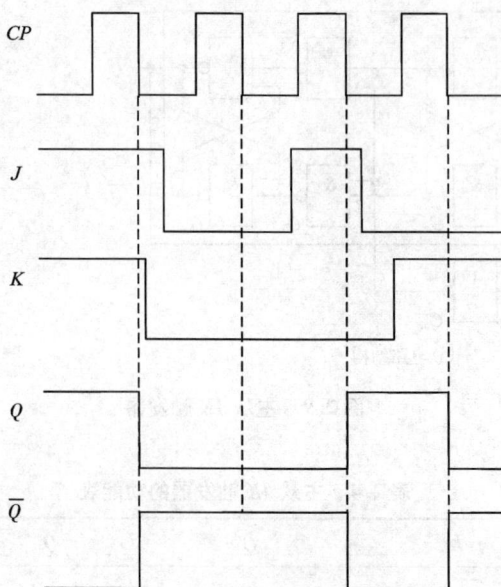

图 2.10　例 2.3 图

2.1　边沿 D 触发器

维持－阻塞式边沿 D 触发器的电路结构及逻辑符号如图 2.11 所示，它具有一个信号输入信号 D。下面分析其工作原理。

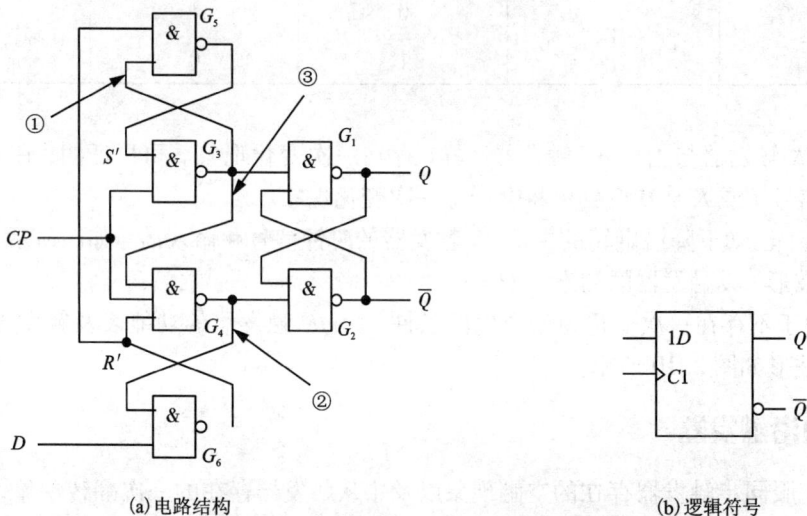

(a) 电路结构　　　　　　　　　　　　　　　　(b) 逻辑符号

图 2.11　维持－阻塞式边沿 D 触发器

$CP = 0$ 时，与非门 G_3 和 G_4 封锁，两门输出均为 1，由 G_1 和 G_2 组成的基本 RS 触发器状态不变。同时，由于 G_3 和 G_4 的输出信号反馈到 G_5 和 G_6 的输入端，使这两个门打开，因此可以接收信号，使 $R' = \overline{D}$，$S' = D$。

当 CP 从 0 变为 1 的瞬间，G_3 和 G_4 打开，此时 G_3、G_4、G_1 和 G_2 组成的同步 RS 触发器触发翻转，由于 S' 和 R' 的状态互补，根据同步 RS 触发器的逻辑功能可知输出 $Q = S' = D$。

触发器触发翻转后，在 $CP = 1$ 期间，输入信号被封锁，其原理如下：由于 S' 和 R' 的状态互补，G_3 和 G_4 的输出状态也互补。若 G_4 输出为 0（此时触发器应输出 $Q = 0$），则经图 2.11（a）中②线将 G_6 封锁，输入信号被阻止，这根反馈线起到了使触发器维持 0 状态和阻止其变为 1 状态的作用，故②线称为置 0 维持线、置 1 阻止线。若 G_3 输出为 0（此时触发器应输出 $Q = 1$），则经图 2.11（a）中①线使 S' 保持为 1，起到使触发器维持 1 状态的作用，故称①线为置 1 维持线，同时经③线使 G_4 封锁，阻止触发器置 0，所以③线称置 0 阻止线。由于以上三根反馈线的维持、阻塞作用，该触发器被称为维持–阻塞式触发器。

由于这种触发器是在 CP 上升沿前接收信号，在上升沿触发翻转，在上升沿后输入即被封锁，所以称为边沿触发器，边沿触发器不存在空翻和一次变化现象。

以上维持–阻塞式边沿 D 触发器的特性方程为

$$Q^{n+1} = D \tag{2.2.1}$$

由于 D 触发器只有保存最新输入状态的功能，所以又称 D 锁存器。

例 2.4 试根据给定的输入信号波形如图 2.12 所示，对应画出输出 Q 和 $\overline{Q}$ 的波形。

解： D 触发器是上升沿触发方式，即在 CP 的上升沿时刻接收息并锁存内部。所以 D 触发器的新状态仅取决于 CP 上升沿前瞬间的 D 信号。如图 2.12 的 Q 波形。

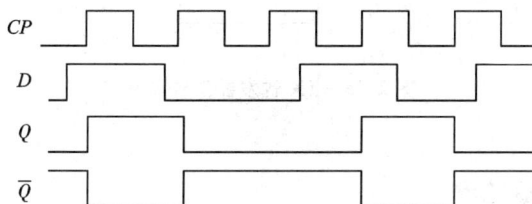

图 2.12 例 2.4 波形图

74LS74、74LS174 等均属于此类触发器。

2.2 边沿 JK 触发器

边沿触发器是一种仅在 CP 脉冲的上升沿（或下降沿）的瞬间，按输入信号使能的触发器。下降沿触发的边沿 JK 触发器逻辑符号如图 2.13（a）所示；上升沿触发的边沿 JK 触发器逻辑符号如图 2.13（b）所示。图（a）中 CP 输入端加" $>$ "并且加"o"，表示下降沿触发；图（b）中 CP 不加"o"，表示上升沿触发。其中，S_D 为直接置位端，R_D 为直接复位端，J 和 K 为输入端，Q 和 $\overline{Q}$ 为互补输出端，CP 为脉冲触发输入端。CP 端直接加" $>$ "者表示边沿触发，不加" $>$ "者表示电平触发。

边沿 JK 触发器的逻辑功能与同步 JK 触发器相同，它们达到特性表、特性方程都相同。如 74LS112 为双下降沿 JK 触发器，其逻辑符号如图 2.14 所示。

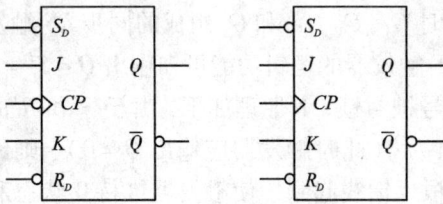

(a)下降沿触发的 JK 触发器　　(b)上升沿触发的 JK 触发器

图 2.13　JK 触发器

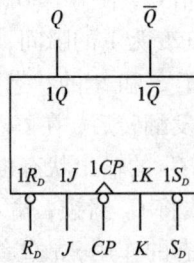

图 2.14　集成 JK 触发器 74LS112 逻辑符号

其特性方程式为：

$$Q^{n+1} = J\,\overline{Q^n} + \overline{K}Q^n \quad （CP \text{ 下降沿有效}） \tag{2.2.2}$$

已知 CP、J、K 的输入波形，并假设触发器的起始状态为 0，则可画出触发器工作波形如图 2.15 所示(以下降沿触发器为例)。

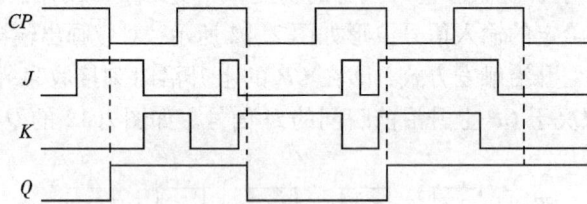

图 2.15　JK 触发器工作波形

3　触发器的逻辑转换

触发器有许多集成的器件，可以使我们使用起来更为方便，其中集成 D 型或 JK 型触发器更为常用。每一种触发器都有自己固定的逻辑功能，但可以利用转化的方法获得具有其他功能的触发器。掌握了这种转换的方法，当我们手头上只有一种触发器时，就可以很方便地获取其他类型的触发器了。

触发器按逻辑功能来分可分为 RS、JK、D、T 和 T' 触发器。常用触发器多为集成 D 触发器和 JK 触发器。因此，这就要求我们了解不同类型触发器之间的转换方法。转换前一般是先比较已有触发器和待求触发器的特征方程，然后利用逻辑代数的公式和定理实现两个特征方程之间的变换，进而画出转换后的逻辑电路。

3.1　由 JK 触发器构成 RS、D、T、T' " 触发器

1. JK 触发器转变成 RS 触发器

将 RS 触发器的特性方程作如下变换：

$$Q^{n+1} = S + \overline{R}Q^n = S(Q^n + \overline{Q^n}) + \overline{R}Q^n = S\overline{Q^n} + (S + \overline{R})Q^n = S\overline{Q^n} + \overline{\overline{S}R}Q^n$$

将上式与 JK 触发器特性方程 $Q^{n+1} = J\overline{Q^n} + \overline{K}Q^n$ 比较可得，只要令 $J = S$，$K = \overline{S}R = \overline{S}R + SR = R$(利用 RS 触发器约束条件 $SR = 0$)，电路的外部连接不需作任何改变，JK 触发器就

可以实现 RS 触发器的逻辑功能。

2. JK 触发器转变成 D 触发器

若对 D 触发器的特性方程作如下变换

$$Q^{n+1} = D = D(Q^n + \overline{Q^n}) = D\overline{Q^n} + DQ^n$$

将上式与 JK 触发器特性方程 $Q^{n+1} = J\overline{Q^n} + \overline{K}Q^n$ 比较可得，令 $J = D$，$K = \overline{D}$，JK 触发器即可转换为 D 触发器，$JK{\to}D$ 转换如图 2.16(a)所示。

3. JK 触发器变成 T 触发器

若将 JK 触发器的 JK 输入端连接在一起，将连接后的新输入端作为 T 输入端，如图 2.16(b)所示，则可以组成一种新功能的 T 触发器，其特征方程为 $Q^{n+1} = T\overline{Q^n} + \overline{T}Q^n$，所以取 $J = K = T$，就可以把 JK 触发器转换成 T 触发器。

4. JK 触发器变成 T' 触发器

T' 触发器是令 T 触发器的 $T = 1$ 所构成的触发器，如图 2.16(c)所示，其特征方程为 $Q^{n+1} = \overline{Q^n}$。T' 触发器只有翻转功能，即每作用一个 CP 脉冲，触发器就翻转一次，也称为一位计数器，在实际中应用较广泛。

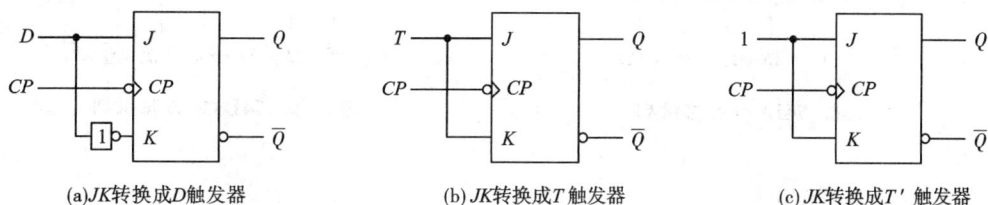

(a)JK转换成D触发器　　　　(b)JK转换成T触发器　　　　(c)JK转换成T'触发器

图 2.16　JK 触发器转换成 D、T 和 T' 触发器

T 和 T' 触发器可由 JK 触发器构成，因此不必专门设计定型的 T 和 T' 触发器产品。

3.2　由 D 触发器构成 JK、T、T' 触发器

D 触发器作为一种常用的器件，同样可以转换为 RS、JK、T 和 T' 触发器。

1. D 触发器转变成 JK 触发器

令 $D = J\overline{Q^n} + \overline{K}Q^n$，就可实现 D 触发器转换成 JK 触发器，如图 2.17(a)所示。

2. D 触发器转换成 T 触发器

令 $D = T\overline{Q^n} + \overline{T}Q^n$，就可以把 D 触发器转换成 T 触发器，如图 2.17(b)所示。

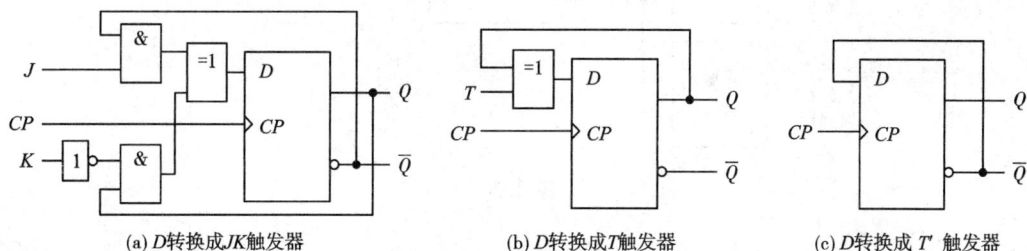

(a)D转换成JK触发器　　　　(b)D转换成T触发器　　　　(c)D转换成T'触发器

图 2.17　D 触发器转换成 JK、T 和 T' 触发器

3. D 触发器转换成 T' 触发器

将 $T=1$ 代入 $D=T\overline{Q^n}+\overline{T}Q^n$，得 $D=\overline{Q^n}$，则可直接将 D 触发器的 $\overline{Q}$ 端与 D 端相连，就构成了 T' 触发器，如图 2.17(c) 所示。这种转换最简单，在计数器电路中用得最多。

4. 集成触发器

（1）74LS74

74LS74 为同时带有预置和清除端的双 D 型集成触发器。管脚排列如图 2.18 所示。

（2）74LS76

74LS76 为同时带有预置和清除端的双 J-K 集成触发器。管脚排列如图 2.19 所示。

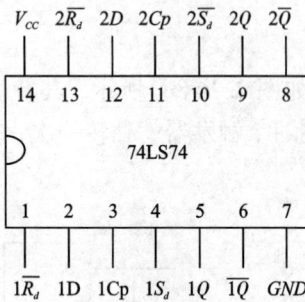

图 2.18   74LS74 管脚排列

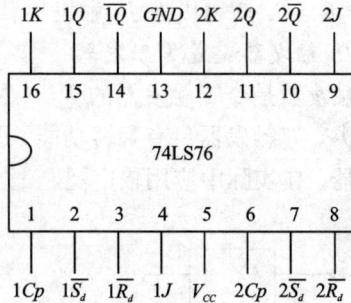

图 2.19   74LS76 管脚排列

（3）触发器测试电路

为了测试触发器的逻辑功能，可将触发器接入图 2.20 所示的电路中。图中以 JK 触发器为例。先用逻辑开关将 J、K 置成 0、0，用 $\overline{R_D}$ 将触发器置成 0 状态，然后向 CP 送入一个单脉冲，记下 Q^{n+1}，检验是否与功能表相符。再用 $\overline{S_D}$ 将触发器置成 1 状态，并向 CP 送入一个单脉冲，进行检验。然后，依次将 JK 置成 01、10、11，重复上述步骤，就完成了全部测试工作。

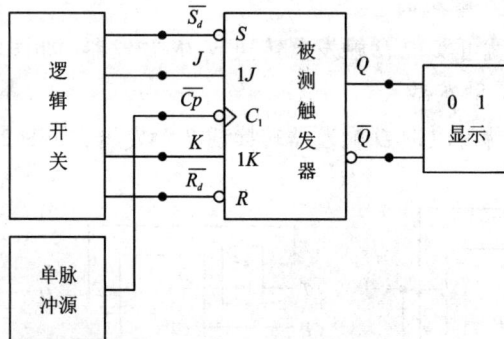

图 2.20

三、任务实现

1 电路与原理

简易密码锁的原理图如图 2.21 所示。

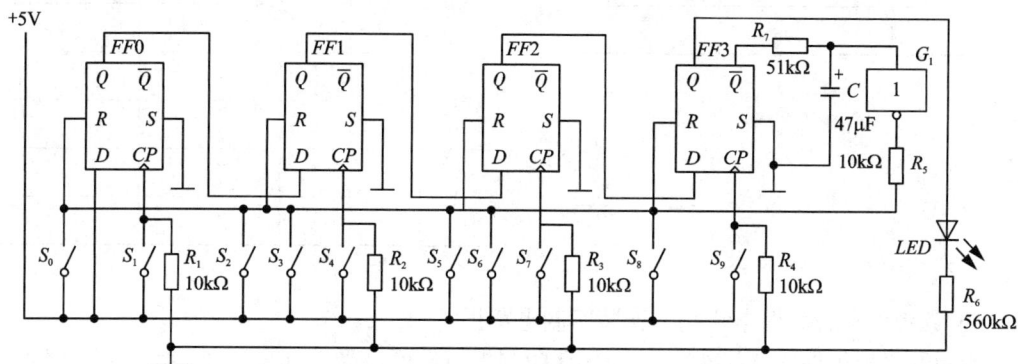

图 2.21 简易密码锁的原理图

2 技能要求

(1)元器件检测

本套元件是按所需元件的 120% 配置,请准确清点和检查全套装配材料数量和质量,进行元器件的识别和检测,筛选确定元器件。元件检测见表 2.5。

表 2.5 元件测试

元器件	识别和检测内容	
电阻 1 支	色环或数码	标称值(含误差)
	黄紫黑红棕(五环)	
电容 1 支	103	
LED	万用表读数(含单位)	数字表 或 指针表
		正测
		反测

(2)检测 IC 中触发器功能是否正常,填表 2.6 和表 2.7

表 2.6　74LS74 中 D 触发器功能测试

D	C_P	Q_{n+1}	
		$Q_n=0$	$Q_n=1$
0	↑		
	↓		
1	↑		
	↓		

表 2.7　74LS76 中 JK 触发器功能测试

J	K	C_P	Q_{n+1}	
			$Q_n=0$	$Q_n=1$
0	0	↑		
		↓		
0	1	↑		
		↓		
1	0	↑		
		↓		
1	1	↑		
		↓		

(3)绘制装配图,根据装配图安装印制电路板

印制电路板组件符合《IPC – A – 610D 印制板组件可接受性标准》的二级产品等级可接收条件。装配完成后,通电测试,利用提供的仪表测试本电路。

按下 S_1,测试 FF_0 的 Q 端为＿＿＿＿电平,再按下 S_4,测试 FF_1 的 Q 端为＿＿＿＿电平,接着按下 S_7,测试 FF_2 的 Q 端为＿＿＿＿电平,最后按下 S_9,测试 FF_3 的 Q 端为＿＿＿＿电平。

(4)完成下列工艺文件

①列出元件清单;

②列出工具设备清单;

③画出电路装配图;

④简述电路装调的步骤。

3　素养要求

符合企业的 6S(整理、整顿、清扫、清洁、修养、安全)管理要求。能按要求进行仪器/工具的定置和归位,工作台面保持清洁,及时清扫废弃管脚及杂物等。能事前进行接地检查,具有安全用电意识。

符合电子产品生产企业的员工的基本素养要求,体现良好的工作习惯。如:尽量避免裸手接触可焊接表面;不可堆叠组件;电烙铁设置和接地检查,先无电或弱电检测(用电压表或万用表)再上电检测;电源或信号输出先检测无误再断电接上作品后接上电;掌握好仪器的通或断电顺序;详细记录实验环境和数据等。

4　评分标准

任务的评分标准分职业素养与操作规范、作品两个方面,每个部分各占成绩的 50%,职业素养与操作规范、作品两项均需合格,总成绩评定为合格。具体评分标准如表 2.8 所示。

表 2.8　简易密码锁的组装与调试的评分标准

评价内容		分值	考核点	备注
职业素养与操作规范（50分）		5	正确着装与佩戴防护用具，做好工作前准备	出现明显失误造成元件或仪器、设备损坏等安全事故；严重违反纪律，造成恶劣影响的此项计 0 分
		5	采用正确方法选择电器元器件	
		10	合理选择设备或工具，对元件进行成型和插装	
		5	正确选择装配工具和材料，装配过程符合手工装配和焊接操作要求	
		15	合理选择仪器仪表，正确操作仪器设备对电路进行调试	
		5	按正确流程装调，并及时记录装调数据	
		5	任务完成，整齐摆放工具、凳子，整理工作台面等符合"6S"要求	
作品（50分）	工艺	20	电路板作品要求符合 IPC – A – 610 标准中各项可接受条件的要求，即符合标准中的元件成型、插装、手工焊接等工艺要求的可接受最低条件 1.元器件选择正确 2.成型和插装符合工艺要求 3.元件引脚和焊盘浸润良好，无虚焊、空洞或堆焊现象 4.无短路现象	
	功能	20	电路通电正常工作，且各项功能完好，功能缺失按比例扣分	
	指标	10	测试参数正确，即各项技术参数指标测量值上下限不超过要求的 10%	

小　结

在数字电路中，各种信息都是用二进制这一基本工作信号来表示的，而触发器是存放这种信号的基本单元。触发器有两个稳定状态，即 0 态和 1 态；在一定的外界输入信号作用下，触发器才会从一个稳定状态翻转到另一个稳定状态；在输入信号消失后，能将新的状态保存下来。由于触发器结构简单，工作可靠，因此被广泛使用。

触发器按电路结构可分为基本 RS 触发器、同步触发器、主从触发器、边沿触发器，它们的触发方式不同。基本 RS 触发器属于电平触发，同步触发器、主从触发器和边沿触发器的动作受时钟脉冲的控制，同步触发器在时钟脉冲的有效电平（可高或低）期间触发；主从触发器和边沿触发器的触发翻转都发生在脉冲跳变时，但对加入输入信号的时间要求不同，以下降沿翻转为例，对于主从触发器，要求信号在上升沿前加入，而对于边沿触发器，输入信号只要在触发沿即下降沿到来前加入就可以。

触发器的逻辑功能可以用真值表、卡诺图、特性方程、状态图和波形图等 5 种方式来描述。触发器的特性方程是表示其逻辑功能的重要逻辑函数，在分析和设计时序电路时常用来作为判断电路状态转换的依据。

RS 触发器的特性方程为：$\begin{cases} Q^{n+1} = S + \overline{R}Q^n \\ RS = 0 \end{cases}$

JK 触发器的特性方程为：$Q^{n+1} = J\overline{Q^n} + \overline{K}Q^n$

D 触发器的特性方程为：$Q^{n+1} = D$

T 触发器的特性方程为：$Q^{n+1} = T\overline{Q^n} + \overline{T}Q^n$

T' 触发器的特性方程为：$Q^{n+1} = \overline{Q^n}$

习题二

2.1　触发器的主要特点是什么？

2.2　简述同步 RS 触发器、JK 触发器、D 触发器的逻辑功能。

2.3　简述将下降沿触发的 JK 触发器转换为 D 触发器的方法。

2.4　请分别写出 RS、JK、D、T 触发器的特性方程式和功能真值表。

2.5　边沿 JK 触发器及 J、K、时钟脉冲 CP（下降沿触发）波形如题图 1 所示，试画出触发器输出端 Q 的波形。设触发器初态为 0。

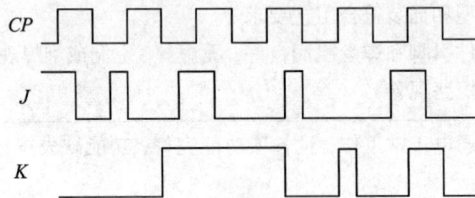

题图 1

2.6　JK 触发器及 CP、A、B、C 的波形如题图 2 所示，设 Q 的初始状态为 0：
（1）写出电路的次态方程；（2）画出 Q 的波形

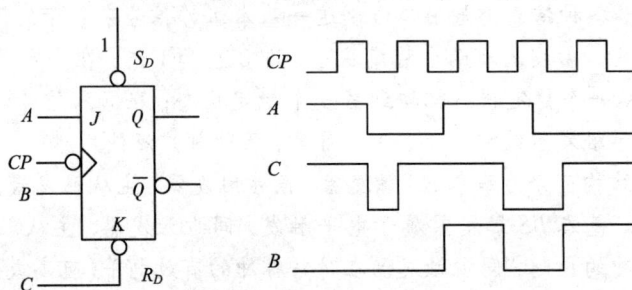

题图 2

2.7 分析如题图 3 所示 RS 触发器的功能，并根据输入波形画出 Q 和 $\overline{Q}$ 的波形。

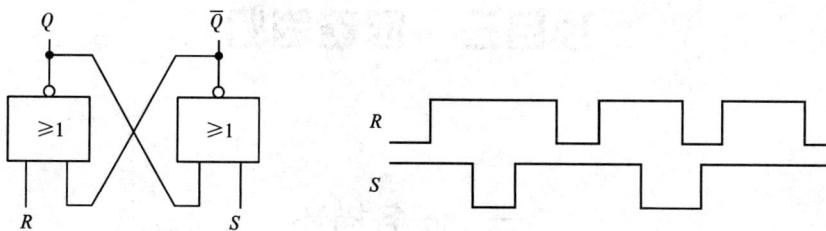

题图 3

项目三　四路彩灯

一、任务描述

　　某企业承接了一批四路彩灯的组装与调试任务。请按照相应的企业生产标准完成该产品的组装和调试，实现该产品的基本功能，满足相应的技术指标，并正确填写测试报告。为很好地完成任务，认识密码锁的结构和原理，必须先学习以下的相关知识。

二、知识准备

1　计数器结构与原理

　　计数器是能进行累计时钟脉冲个数的时序逻辑部件。它是数字系统应用中最广泛的时序逻辑部件之一，它除了应用于计数之外，还可实现对脉冲分频、进行定时及实现程序控制等功能，由于计数器是一个周期性的时序电路，因此，其状态图都有一个闭合环，它循环一次所需的时钟脉冲个数称为计数器的模值 M，简称为计数器的模。它也是指计数器每循环一次所包含的状态数，它决定了计数器在达到设定累计输入脉冲的最大数目时电路所需的触发器个数 N，N 由公式 $2^{N-1} < M \leqslant 2^N$ 确定。

　　计数器有许多不同的类型，按 CP 脉冲输入方式可分为同步计数器和异步计数器两大类；按计数的增减趋势可分为加法计数器、减法计数器和可逆计数器三大类；按数制可分为二进制和非二进制计数器（含十进制）。

1.1　二进制计数器

　　由于计数器是典型的时序逻辑电路，因此，它的分析方法与前面介绍过的分析时序逻辑电路时所用的方法相同，在此仅对各类计数器进行简略分析。

　　1. 二进制异步计数器

　　（1）二进制异步加计数器

　　图 3.1 是一个由 3 个上升沿触发的 D 触发器构成的 3 位二进制异步加计数器。每个触发器的 $1D$ 端都与 $\bar{Q}$ 连接，由 D 触发器的逻辑功能可以知道，各触发器均处在随时翻转的状态；同时，各低位触发器的 $\bar{Q}$ 端与相邻高位触发器的时钟脉冲输入端相连，显然，电路是异步触发。因此，当每个时钟脉冲的上升沿到时，FF_0 就要翻转一次；同理，当 $\bar{Q}_0$ 由 0 变 1（上升沿）时，FF_1 就翻转一次；当 $\bar{Q}_1$ 由 0 变 1（上升沿）时，FF_2 就翻转一次。分析其工作过程，不难得到其状态图和时序图，如图 3.2 和 3.3 所示。

　　由状态图可以看出，从初态 000 开始，每输入一个计数脉冲，计数器状态按二进制递

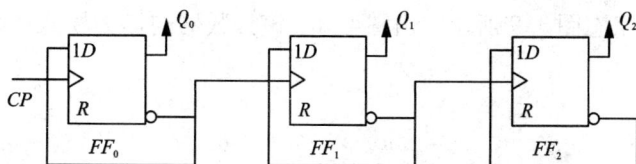

图3.1　由 D 触发器组成的三位二进制异步加计数器

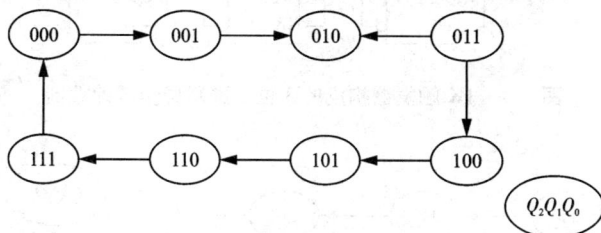

图3.2　电路的状态转换图

增，输入第8个计数脉冲后，又回到000状态。我们又称它为模八计数器。

从时序图可以看出，Q_0、Q_1、Q_2的周期分别是计数脉冲周期的2倍、4倍、8倍，频率则分别是计数脉冲频率的1/2、1/4、1/8，即计数器可起到对脉冲二分频、四分频、八分频的作用，所以计数器也可以作分频器。

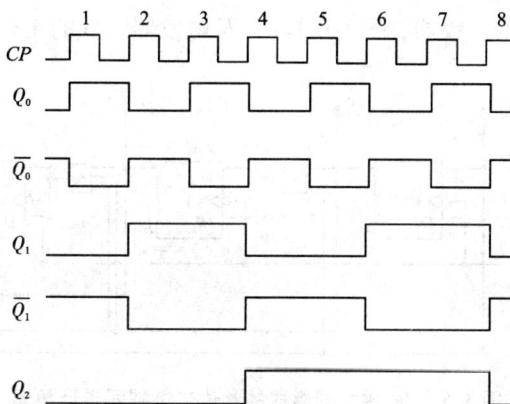

图3.3　电路的时序图

（2）二进制异步减法计数器

图3.4 为一个由3个下降沿触发的 $\overline{JK}$ 触发器构成的3位二进制异步减计数器。与图3.1电路不同的是，它将低位触发器的 $\overline{Q}$ 端与相邻高位触发器的时钟脉冲输入端相连。触发器 FF_0 仍然在每个时钟脉冲的下降沿翻转一次；而 FF_1 将在 $\overline{Q_0}$ 的下降沿即 Q_0 的上升沿翻转，FF_2 将在 Q_1 的上升沿翻转，所以从000的初始状态开始，第一个时钟脉冲到来后，FF_0 从0翻转到1，FF_1 由于 FF_0 的 Q_0 是上升沿，也将翻转到1，FF_2 也由于 FF_1 的 Q_1 是上升沿，

也翻转到 1，即电路从 000 态变成 111 态，完成了一次借位过程。同理，依次可推出其余各状态变换情况，如状态图 3.5 所示。由图可知，该计数器同样为模八计数器，而且同样具有分频功能。

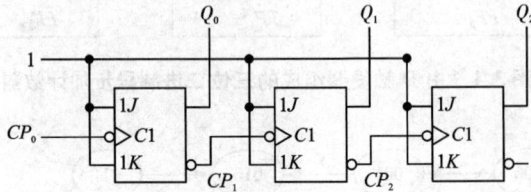

图 3.4　JK 触发器构成的 3 位二进制异步减计数器

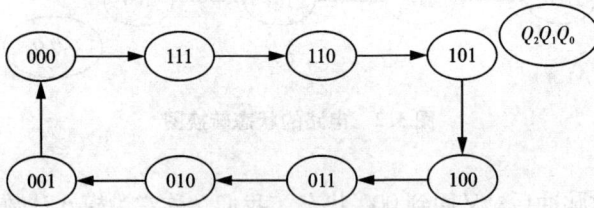

图 3.5　电路的状态图

2. 二进制同步计数器

以上介绍的异步二进制计数器中各触发器是逐个翻转的，因此工作速度较低。为了提高计数速度，可采用同步计数器，图 3.6 是用 JK 触发器组成的 4 位二进制同步计数器。

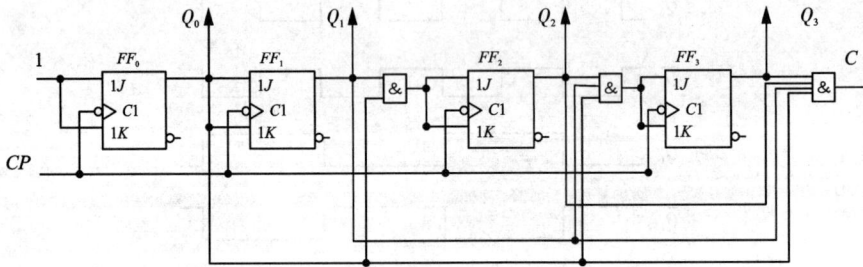

图 3.6　JK 触发器组成的 4 位二进制同步计数器

由图可见，各触发器的时钟脉冲输入端接同一计数脉冲 CP，各触发器的 J、K 端连接在一起，组成 T 触发器的形式，驱动方程分别为：

$J_0 = K_0 = 1$　$T_0 = 1$；

$J_1 = K_1 = Q_0$ 或 $T_1 = Q_0$；

$J_2 = K_2 = Q_0Q_1$ 或 $T_2 = Q_0Q_1$；

$J_3 = K_3 = Q_0Q_1Q_2$ 或 $T_3 = Q_0Q_1Q_2$。

利用前面的分析方法，我们可以得出该电路的状态图，如图 3.7 所示。由此可见，这是一个模十六计数器。此外，该电路还有一个进位输出端 C，当 $Q_0 Q_1 Q_2 Q_3 = 1111$ 时，计数器计数到最大值，这时 $C = 1$，输出一个有效进位信号。进位端的设置方便了计数器级与级间的连接。

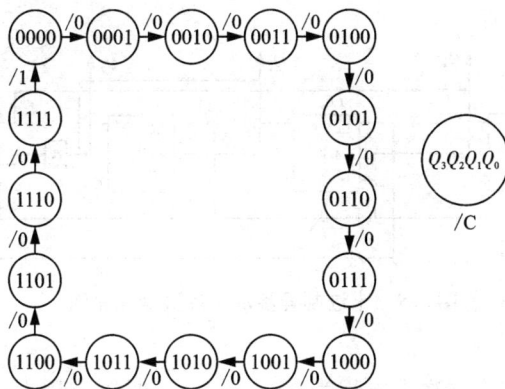

图3.7 电路的状态图

图 3.8 是该电路的时序图，由图可以看出 Q_0、Q_1、Q_2、Q_3 端输出脉冲的频率分别为 CP 脉冲的 $1/2$、$1/4$、$1/8$，$1/16$，因此，也可用作分频器。

应当指出，图 3.6 电路因为采用了时钟脉冲的同步输入方式，触发器是同时翻转的，没有各级延迟时间的积累，所以，计数速度要高于异步计数器。但同步计数器需增加一些输入控制门，因此，电路要比异步计数器复杂，而且这些控制门也将带来一些传输时间的延迟。

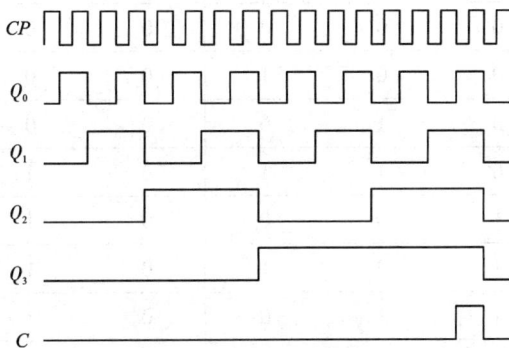

图3.8 电路的时序图

1.2 十进制计数器

十进制计数器最常用的是按 8421BCD 码进行计算的，因此也称为二 - 十进制计数器。

1. 十进制计数器的原理

十进制计数器的模 $M = 10$，由公式 $2^{n-1} < M \leqslant 2^n$ 不难算出，构成这种计数器需要四个触发器，而四个触发器共有 16 个独立状态，所以，需要利用反馈电路舍去其中六个状态，

使四个触发器的输出状态在 0000 ~ 1001 范围之内。

2. 应用电路

图 3.9 为一个十进制异步加法计数器电路，由逻辑电路可以得到其激励方程，次态方程和时钟方程如下：

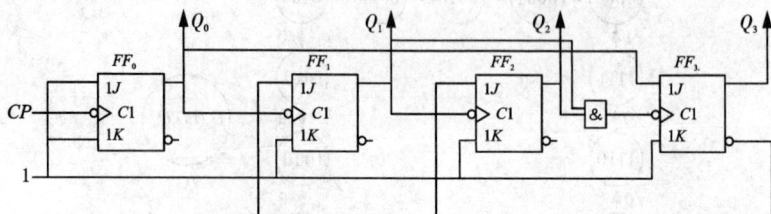

图 3.9　十进制异步加法计数器电路图

激励方程为：　　　　　　次态方程为：　　　　　　时钟方程为：

$J_0 = 1 \quad K_0 = 1$ 　　　$Q_0^{n+1} = \overline{Q_0^n}$ 　　　　　$CP_0 = CP$

$J_1 = \overline{Q_3^n} \quad K_1 = 1$ 　　$Q_1^{n+1} = \overline{Q_3^n}\,\overline{Q_1^n}$ 　　　$CP_1 = Q_0$

$J_2 = 1 \quad K_2 = 1$ 　　　$Q_2^{n+1} = \overline{Q_2^n}$ 　　　　　$CP_2 = Q_1$

$J_3 = Q_0^n \quad K_3 = 1$ 　　$Q_3^{n+1} = Q_1^n Q_2^n \overline{Q_3^n}$ 　　$CP_3 = Q_2$

依据上述方程，可得出电路的状态真值表，见表 3.1。

表 3.1　十进制异步加法计数器状态真值表

CP	Q_3^n	Q_2^n	Q_1^n	Q_0^n	Q_3^{n+1}	Q_2^{n+1}	Q_1^{n+1}	Q_0^{n+1}
0	0	0	0	0	0	0	0	1
1	0	0	0	1	0	0	1	0
2	0	0	1	0	0	0	1	1
3	0	0	1	1	0	1	0	0
4	0	1	0	0	0	1	0	1
5	0	1	0	1	0	1	1	0
6	0	1	1	0	0	1	1	1
7	0	1	1	1	1	0	0	0
8	1	0	0	0	1	0	0	1
9	1	0	0	1	1	0	1	0
10	1	0	1	0	0	0	0	1

由表 3.1 可画出它的全状态转换图，如图 3.11 所示，显然，该电路具有多余状态，不难看出，该电路具有自启动特性。

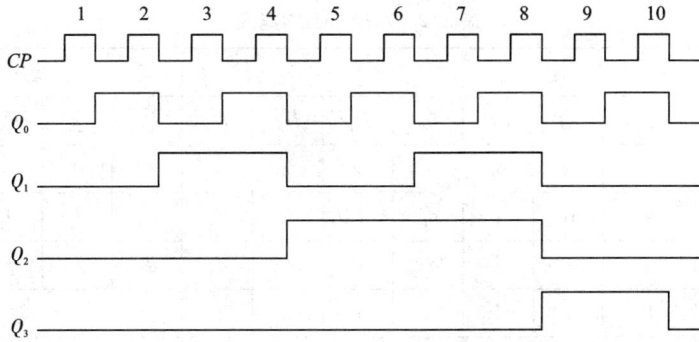

图 3.10　十进制异步加法计数器时序图

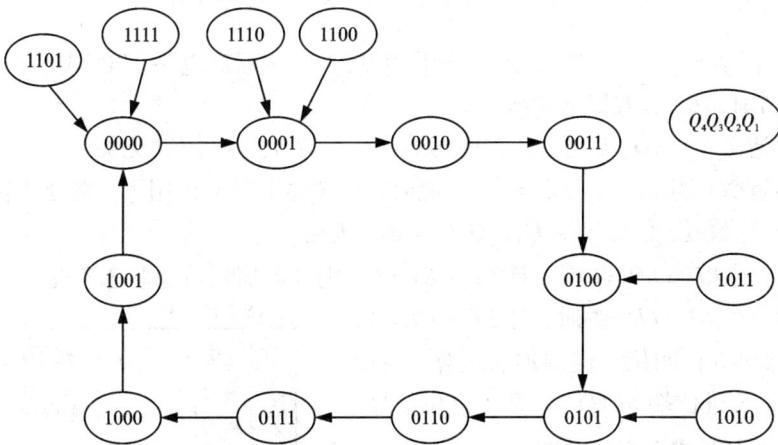

图 3.11　全状态转换图

2　常用集成计数器

目前 TTL 和 CMOS 电路构成的中规模计数器品种很多,应用广泛,这些计数器功能比较完善,可以进行功能扩展,通用性强。下面介绍几种具有代表性的集成计数器。

2.1　二进制加法计数器

图 3.12 是 4 位二进制同步加法计数器 74LS161 的管脚排列图。

其中,$\overline{RD}$表示清零(低电平有效)、CP 表示触发脉冲输入(上升沿触发),$D_0 \sim D_3$ 为并行数据输入端,EP 为控制端(计数允许控制),GND 为参考电位端,$\overline{LD}$置数功能端(低电平有效),ET 控制端(进位允许控制),$Q_0 \sim Q_3$ 为数据输出端,RCO 为进位输出端,V_{CC} 电源输入。

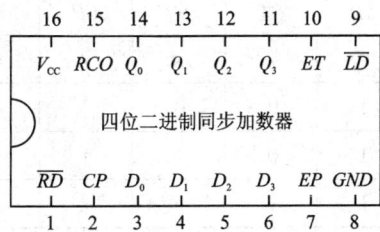

图 3.12　74LS161 管脚排列图

表 3.2　74LS161 功能表

输　入									输　出				
$\overline{RD}$	$\overline{LD}$	EP	ET	CP	D_0	D_1	D_2	D_3	Q_0	Q_1	Q_2	Q_3	RCO
0	×	×	×	×	×	×	×	×	0	0	0	0	0
1	0	×	0	↑	d_0	d_1	d_2	d_3	d_0	d_1	d_2	d_3	0
1	0	×	1	↑	d_0	d_1	d_2	d_3	d_0	d_1	d_2	d_3	×
1	1	1	1	↑	×	×	×	×	计　数				×
1	1	0	×	×	×	×	×	×	保　持				
1	1	×	0	×	×	×	×	×	保　持				0

表中："×"表示任意，"↑"表示上升沿触发，"1"表示高电平，"0"表示低电平，从表中可以得知，74LS161 具有以下功能：

（1）异步清零：当 $\overline{RD}=0$ 时，所有输出端口全部置 0，且与 CP 无关。

（2）同步置数：当 $\overline{RD}=1$，$\overline{LD}=0$ 时，此时，在脉冲上升沿作用下，将处于输入端 $D_0 \sim D_3$ 的数据装入计数器，使输出端 $Q_3 Q_2 Q_1 Q_0 = d_3 d_2 d_1 d_0$。

（3）保持：当 $\overline{RD}=\overline{LD}=1$ 时，且 $EP \cdot ET=0$，则计数器保持原状态不变。

（4）计数：当 $\overline{RD}=\overline{LD}=1$ 时，且 $EP \cdot ET=1$，则计数器对脉冲进行四位二进制加法运算，当计数达到 1111 时，进位端 $RCO=1$，送出进位信号。

2.2　十进制集成可逆计数器

以 74LS190 为例，图 3.13 是十进制同步可逆计数器 74LS190 的管脚排列图，其中 CT 为计数允许端，$D/\overline{U}$ 为加/减法计数转换控制端，$\overline{LD}$ 为置数功能端，$\overline{RCO}$ 为进位/借位端，CO/BO 为最大值/最小值脉冲输出端。

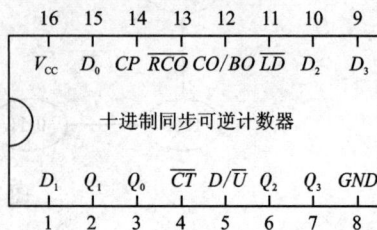

图 3.13　74LS190 管脚排列图

表 3.3　74LS190 功能表

输　入								输　出			
$\overline{LD}$	$\overline{CT}$	$D/\overline{U}$	CP	D_0	D_1	D_2	D_3	Q_0	Q_1	Q_2	Q_3
0	×	×	×	d_0	d_1	d_2	d_3	d_0	d_1	d_2	d_3
1	0	0	↑	×	×	×	×	加法			
1	0	1	↑	×	×	×	×	减法			
1	1	×	×	×	×	×	×	保持			

从表中可以得知 74LS190 具有以下功能：

（1）异步置数：当 $\overline{LD}=0$ 时，计数器将处于输入端的数据装入计数器，使输出端 $Q_3 Q_2 Q_1 Q_0 = d_3 d_2 d_1 d_0$。

（2）加法计数：当 $\overline{CT}=0$ 时，计数器处于计数状态，且当 $D/\overline{U}=0$、$\overline{LD}=1$ 时，计数器在 CP 脉冲上升沿作用下，对脉冲进行十进制加法计数，当计数为9时，CO/BO 端送出一个最大值正脉冲，$\overline{RCO}$ 端送出一个进位负脉冲。

（3）减法计数：当 $\overline{CT}=0$ 时，且 $D/\overline{U}=1$，$\overline{LD}=1$ 时，计数器在 CP 脉冲上升沿作用下，对脉冲进行十进制减法计数。当计数为0时，CO/BO 端送出一个最小值正脉冲，$\overline{RCO}$ 端送出一个借位负脉冲。

（4）保持：当 $\overline{LD}=\overline{CT}=1$ 时，计数器保持原状态不变。

3. 混合进制集成计数器：

常用的十进制计数器中，还有二 – 五 – 十混合进制异步计数器，如 74LS290：其管脚排列见图3.14所示 R_{0A}、R_{0B} 为置0端，R_{9A}、R_{9B} 为置9端（使 $Q_3 Q_2 Q_1 Q_0 = 1001$），NC 为空脚 CP_0、CP_1 为脉冲输入脚（每次只能利用一个，且负脉冲有效），其功能见表3.4，它具有如下功能：

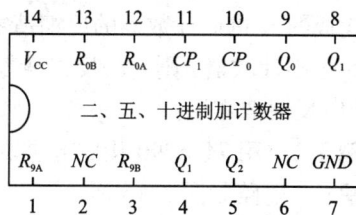

图3.14　74LS290 管脚排列图

（1）异步置0：当 $R_{0A} = R_{0B} = 1$ 时，且 $R_{9A} \cdot R_{9B} = 0$ 时，其输出 $Q_3 Q_2 Q_1 Q_0 = 0000$，由于置0与时钟无关，故称为异步置0。

（2）异步置9：当 $R_{0A} \cdot R_{0B} = 0$ 时，且 $R_{9A} = R_{9B} = 1$ 时，其输出为1001，实现置9功能。

（3）计数：当 $R_{0A} = R_{0B} = R_{9A} = R_{9B} = 0$ 时，若 CP 从 CP_0 输入，为二进制计数；若 CP 从 CP_1 输入，则为五进制计数；若 CP 从 CP_0 输入，且 Q_0 连 CP_1，则构成8421BCD 码十进制计数；若 CP 从 CP_1 输入，且 Q_3 连 CP_0，则构成5421BCD 码十进制计数。

表3.4　74LS290 功能表

输入						输出				功能
R_{0A}	R_{0B}	R_{9A}	R_{9B}	CP_0	CP_1	Q_3	Q_2	Q_1	Q_0	
1	1	0	×	×	×	0	0	0	0	异步置0
1	1	×	0	×	×	0	0	0	0	
0	×	1	1	×	×	1	0	0	1	异步置9
×	0	1	1	×	×	1	0	0	1	
0	0	0	0	CP	0	二进制计数				
0	0	0	0	0	CP	五进制计数				
0	0	0	0	CP	Q_0	8421 BCD 码十进制计数				
0	0	0	0	Q_3	CP	5421 BCD 码十进制计数				

2.3　集成计数器应用

组成 N 进制计数器

N 进制计数器可用时钟触发器与门电路组合而成，也可由集成计数器构成，在此主要介绍如何用集成计数器构成 N 进制计数器。

用现有的 M 进制的集成计数器去构成 N 进制的计数器时(设 $M > N$)，则必须使电路跳跃 $(M - N)$ 个状态。常用反馈清零和反馈置位的方法来实现。有些集成计数器提供的是同步置零。即当 $\overline{CR} = 0$ 时，它要等到下一个计数脉冲到来后才改变状态，因此，对这一类计数器设置反馈清零的输出代码应是 $N-1$。例如：若要构成一个 7 进制计数器。采用同步置零计数器，则它的反馈清零输出代码为 0110。而对于异步置零的计数来说，用于反馈的输出状态只存在极短的时间，它一出现，就立即反馈到置数控制端，则此状态不能计算在计数器的循环状态个数内，可认为不出现。但此状态又必不可少，因此，用异步置零的计数器构成的 N 进制计数器的反馈清零输出代码应为 N。例如，若要用异步置零计数器构成一个 5 进制计数器，则它的反馈清零输出代码为 0101。

(1)反馈清零法：

例 3.1　用 74LS290 构成七进制计数器。

解：　电路如图 3.15 所示，

其 CP_1 与 Q_0 相连，并将 $R_{9A} = R_{9B} = 0$，构成一个 8421BCD 码十进制，由于需跳过三个无效状态 0111 ~ 1001，则当计数到 0110 时，其下一状态为 0111，74LS290 为异步置 0 计数器，因此，输出码为 $Q_2 Q_1 Q_0 = 111$，将此信号反馈到 R_{0A}、R_{0B}。使其置 0。所以，七进制状态为 0000 ~ 0110。

(2)反馈置位法：反馈置位法使用于具有预置数功能的集成计数器。对于同步预置数功能的计数器而言，在其计数过程中，可以根据它输出的任何一个状态得到一个置数控制信号，再将它反馈到置数控制端，在下一个 CP 脉冲到来后，计数器就会把预置数输入端的状态送到输出端。预置数控制信号消失后，计数器就从被置入的状态开始重新计数，实现跳跃无效状态的作用。

例 3.2　采用反馈置数法，用 74LS161 构成七进制计数器。

解：电路如图 3.16 所示，由于 74LS161 是二进制计数器，它具有同步置数功能，因此，七进制的置数控制输出码应为 0110。由于 $\overline{LD}$ 是低电平有效，所以要采用与非门输出控制信号。同时，将 $D_3 \sim D_0$ 预置为 0，从而实现七进制计数功能。

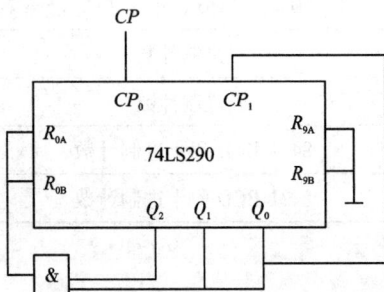

图 3.15　例 3.1 电路图

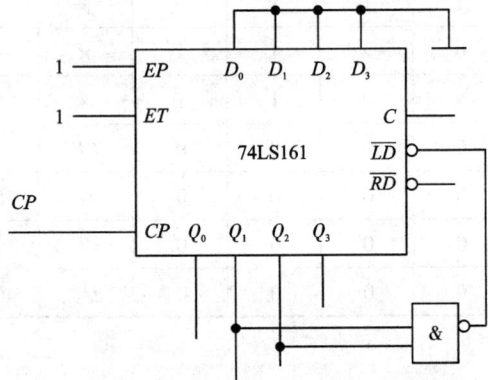

图 3.16　例 3.2 图

（3）集成计数器的级联：

当现有的 M 进制集成计数器小于构成 N 进制计数器时，就需要用多片集成块，通过级联方式，组成较大容量的 N 进制计数器。

例 3.3 利用两片 74LS290 组成 $N=75$ 进制的计数器。电路如图 3.17 所示。

解： 将两片 74LS290 的 Q_0 都接在 CP_1 端。并使 $R_{9A}=R_{9B}=0$，构成 BCD 码十进制计数器。并由个位 Q_3 的下降沿作为十位的计数脉冲（即当个位的计数由 1001 转为 0000 时，向十位的 CP_0 送出一个负脉冲）。由于 74LS290 是异步置位，所以其反馈输出代码设为 01110101。即当十位的 Q_2、Q_1、Q_0 及个位的 Q_2、Q_0 同时为 1 时产生清零信号，同时送给个位和十位的置 0 控制端，使个位、十位同时置 0。

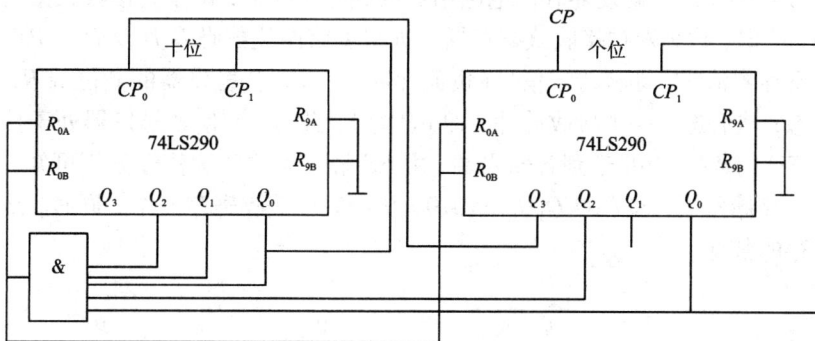

图 3.17 例 3.3 电路图

在实际运用中，我们常需对一个高频数字信号进行分频，在前面的课程中已提到，N 位进制计数器的进位输出端输出的进位脉冲频率是输入脉冲频率的 $1/N$，因此，可利用 N 位进制计数器组成 N 分频器。

例 3.4 现有一石英晶体振荡器，其输出的脉冲信号频率为 65536 Hz，要求利用 74LS161 对它进行分频，得到频率为 1 Hz 的脉冲信号。

解： 因为 $65536=2^{16}$，因此，需要经过 16 次二分频，就可以获得频率为 1 Hz 的信号脉冲。一片 74LS161 为四位二进制计数器，所以，需将四片 74LS161 通过级联，从最高位集成块的 Q_3 端输出，其电路如图 3.18 所示。

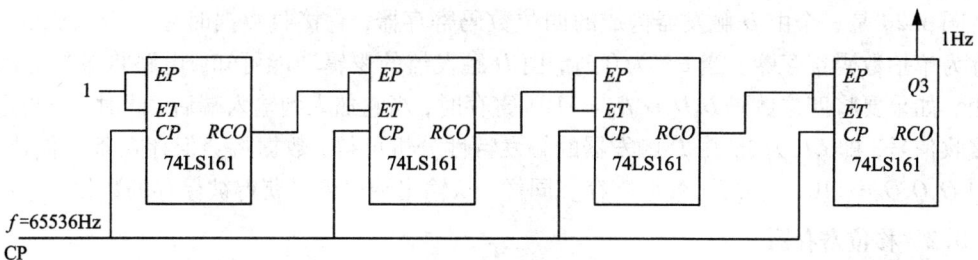

图 3.18 分频器电路图

3 寄存器

寄存器是一类用于存放二进制数码的逻辑部件,在时钟脉冲的作用下,它们能完成对数据的清除、接收、保存和输出(或移位)功能,它被广泛应用于各类数字系统中。具有记忆功能的触发器是构成寄存器的基本单元部件。由于一个触发器同时具有置1和置0功能,因而它可以存储一位二进制代码。所以,要存储N位二进制代码,则需由N个触发器组成。寄存器可分为数码寄存器和移位寄存器两大类。

3.1 数码寄存器

1. 双拍接收式寄存器

图3.19是一个由RS触发器和门电路组成的四位寄存器,由于它接收数据的过程是分两步进行的,所以,称为双拍接收式寄存器。如果要将四位数码$D_3 D_2 D_1 D_0 = 1010$寄存时,则首先应将寄存器清零,即将清零信号(负面脉冲)送入到各触发器的复位端R,使得各寄存器处于0态;然后送入一个接收脉冲,即CP为1,此时,它使各触发器处于接收数据状态;再将要寄存的数据1010送到各输入端,由RS触发器的触发特性分析可知,这一数据将被保存数据存储器中,即$Q_3 Q_2 Q_1 Q_0 = 1010$,从而完成接收寄存工作。同时,从输出端可以获得被寄存的数据。

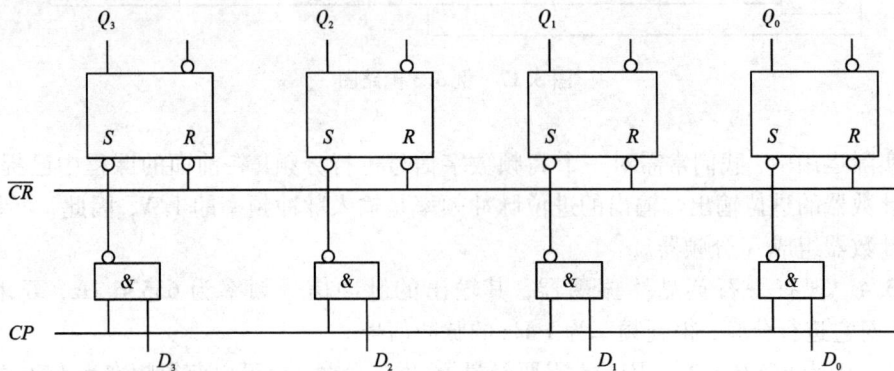

图3.19　双拍接收式寄存器

2. 单拍接收式寄存器

图3.20是一个由D触发器构成的四位数码寄存器,它接收数据时是一步完成的,所以称为单拍数码寄存器。当CP为0时,由D触发器的逻辑功能可知,电路将维持原状态不变。如果要将四位数码$D_3 D_2 D_1 D_0 = 1101$寄存时,当它加入到输入端后,此时,若再送一个接收信号,即CP为1,由D触发器的触发特性分析可得,数据将会保存在寄存储器中,即$Q_3 Q_2 Q_1 Q_0 = 1101$,实现了数据寄存。同样,从输出端也可以获得被保存的数据。

3.2 移位寄存器

前面分析的数据寄存器都是并行数据寄存器,它接收的数据为并行数据。在数字系统中,往往需要接收串行数据,有时也需将数据串行输出,这就需要运用移位寄存器。它在移位脉冲的作用下,使存储在其内的数据或代码单向或双向移位,同时可根据需要实现数

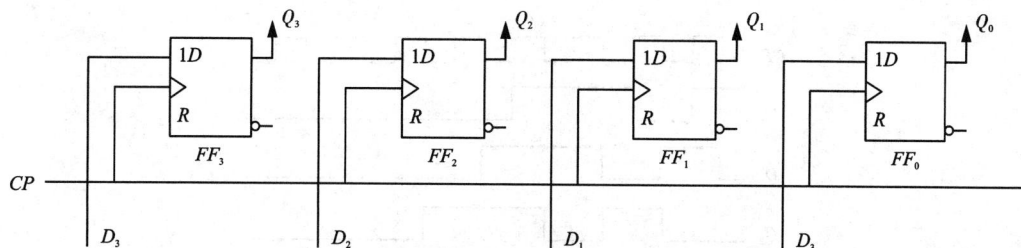

图 3.20 单拍接收式寄存器

据串入、数据并入、数据串出、数据并出等功能。

1. 单向移位寄存器

图 3.21 是一个由 D 触发器组成的四位单向右移位寄存器。D_i 为串行数据的输入端；CP 为时钟脉冲(或称移位脉冲输入端)；在此是高电平有效；$\overline{CR}$ 为清零信号，它可使各寄存器清 0；D_0 为串行数据输出端；$Q_3 \sim Q_0$ 为并行数据输出端。

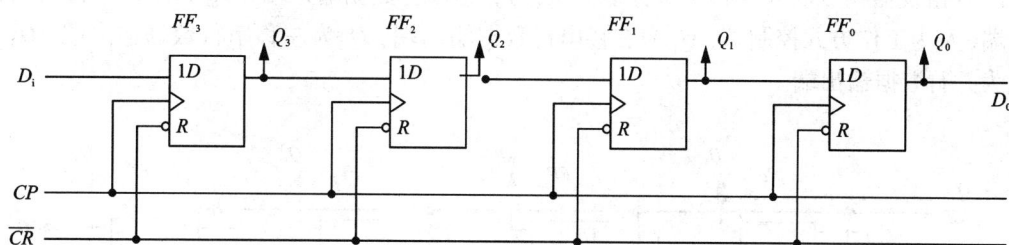

图 3.21 四位右移位寄存器

如果要传送数据 $D_i = 1101$，在传送前，应先确定各触发器所代表的高位、低位关系，依此确定数据输入的顺序。在图 3.21 所示电路中，数据的输入顺序为 1、0、1、1。根据 D 触发器的逻辑功能，从表 3.5 中可以看出，在经过 4 个时钟脉冲之后，数据 1101 将分别被寄存在 $FF_3 \sim FF_0$ 四个触发器上，此时可从 $Q_3 \sim Q_0$ 上并行读出数据。再经过 4 个时钟脉冲，可从 D_0 端得到串行输出的数据，同时，所有寄存器处于 0 态。各触发器的移位波形图见图 3.22。

表 3.5 移位寄存器数码移动状况表

CP	D_i	Q_3	Q_2	Q_1	Q_0	D_0
0	1	0	0	0	0	0
1	0	1	0	0	0	0
2	1	0	1	0	0	0
3	1	1	0	1	0	0
4	0	1	1	0	1	1
5	0	0	1	1	0	0
6	0	0	0	1	1	1
7	0	0	0	0	1	1
8	0	0	0	0	0	0

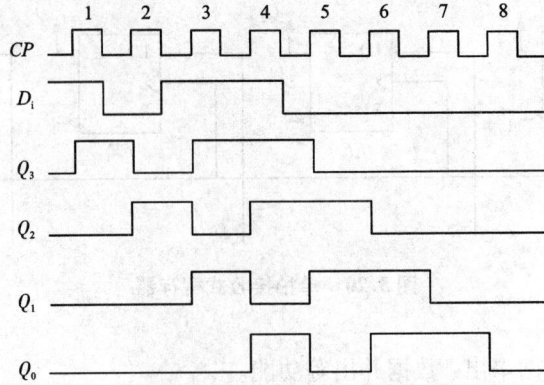

图 3.22　移位寄存器移位波形图

2. 双向移位寄存器

双向移位寄存器是具有既能实现左移，又能实现右移功能的移位寄存器，图 3.23 是一个由 D 触发器构成的双向移位寄存器。D_{SR} 为右移串行数据输入端，D_{SL} 为左移串行数据输入端，K 为工作方式控制端，Q_R 为右移串行数据输出端，Q_L 为左移串行数据输出端，$Q_3 \sim Q_0$ 为并行数据输出端。

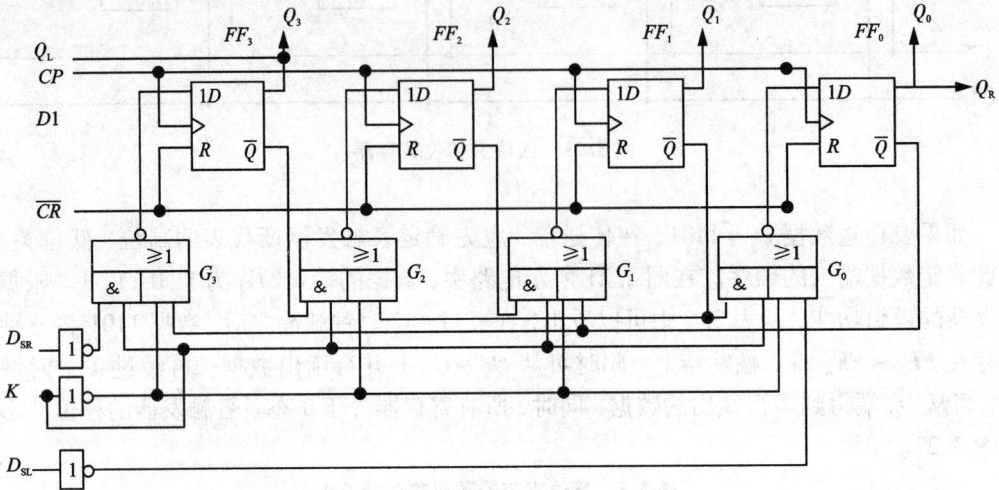

图 3.23　四位双向移位寄存器

当 K 为 1 时，它使所有与或非门的右边与门关闭，而将左边与门打开，因而左移数据无法加入，电路可看成一个右移寄存器。而当 K 为 0 时，上述过程刚好相反，电路可看成一个左移寄存器。所以，该电路可通过赋予 K 端不同值，实现双向移位功能。

3. 典型集成移位寄存器

图 3.24 所示的 74LS194 是一种较为典型的集成移位寄存器，图中 S_0、S_1 是工作方式选择控制端，S_R、S_L 分别为右移位数据输入端和左移位数据输入端。$D_0 \sim D_3$ 为并行输入端，$Q_0 \sim Q_3$ 为并行输出端，其功能见表 3.6。

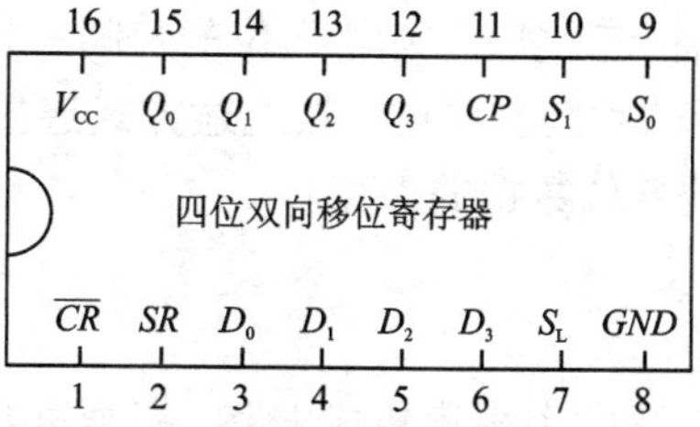

图 3.24　74LS194 的管脚排列图

表 3.6　74LS194 功能表

功能	输入										输出			
	$\overline{CR}$	S_0	S_1	CP	S_L	S_R	D_0	D_1	D_2	D_3	Q_0^n	Q_1^n	Q_2^n	Q_3^n
清除	0	×	×	×	×	×	×	×	×	×	0	0	0	0
保持	1	×	×	0	×	×	×	×	×	×	保持			
送数	1	1	1	↑	×	×	d_0	d_1	d_2	d_3	d_0	d_1	d_2	d_3
右移	1	0	1	↑	×	1	×	×	×	×	1	Q_0^n	Q_1^n	Q_2^n
	1	0	1	↑	×	0	×	×	×	×	0	Q_0^n	Q_1^n	Q_2^n
左移	1	1	0	↑	1	×	×	×	×	×	Q_1^n	Q_2^n	Q_3^n	1
	1	1	0	↑	0	×	×	×	×	×	Q_1^n	Q_2^n	Q_3^n	0
保持	1	0	0	×	×	×	×	×	×	×	保持			

常用的 4 位移位寄存器其他型号有 54/74HC(T)40104、40195、54/74LS295B、54/74(LS、F、HC、HCT)195、54/74(AS、F、HC、HCT)194 等。

例 3.5　将两片 74LS194 扩展为 8 位寄存器，如图 3.25 所示。

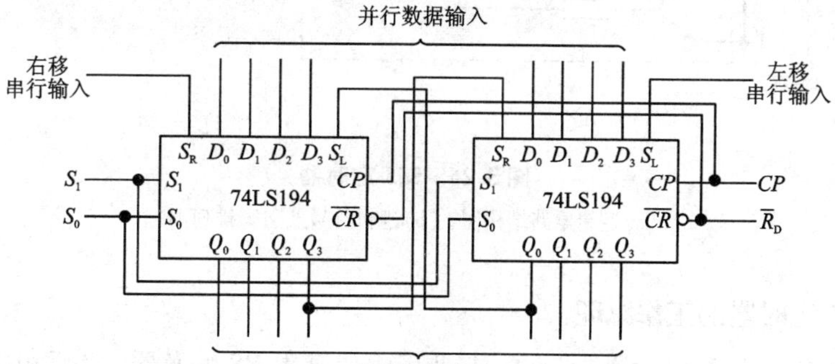

图 3.25　将两片 74LS194 扩展为 8 位寄存器

两片 74LS194 共用时钟脉冲、清零脉冲和工作方式控制输入端，将高位片的 $D_0 \sim D_3$ 和

$Q_0 \sim Q_3$ 分别作为数据输入的 $D_4 \sim D_7$ 和数据输出 $Q_4 \sim Q_7$，实现数据的并行输入和输出；将低位片的 Q_3 与高位片的 S_R 端相连，实现 Q_3 向 Q_4 位的片间右移位；将高位片的 Q_0 与低位片的 S_L 端相连，实现 Q_4 向 Q_3 位的片间左移位。按上述方式连接的寄存器具有与四位寄存器完全相同的功能，但可以实现 8 位数据的寄存。

4　集成 555 定时器

555 定时器是一种应用广泛的中规模集成电路，只要外接少量的阻容元件，就可以很方便地构成单稳态触发器、多谐振荡器和施密特触发器，因而在信号的产生与变换、自动检测及控制、定时和报警以及家用电器、电子玩具等方面得到极为广泛的应用。

555 定时器根据内部器件可分为双极型(TTL 型)和单极型(CMOS 型)两种类型，它们均有单或双定时器电路。双极型型号为 555(单)和 556(双)，电源电压使用范围为 5 ~ 16 V，输出最大负载电流可达 200 mA。单极型型号为 7555(单)和 7556(双)，电源电压使用范围为 3 ~ 18 V，但输出最大负载电流为 4 mA。

4.1　555 定时器的结构

图 3.26(a)、(b)所示分别为双极型 555 单定时器内部逻辑电路结构图和逻辑符号图。外部有八个引脚，各引脚的名称如图所示。它由电阻分压器、电压比较器、基本触发器、MOS 管构成的放电开关和输出驱动电路等几部分组成。

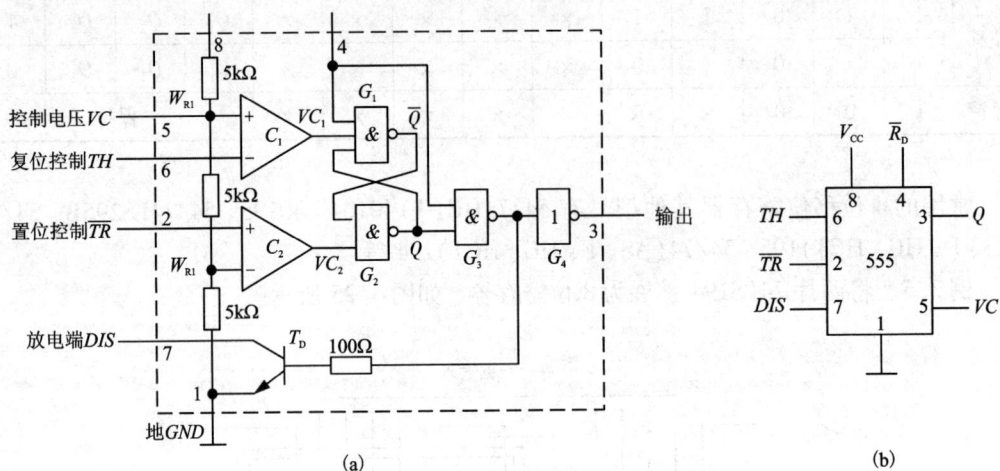

图 3.26　555 定时器

(a)逻辑电路结构图；(b)逻辑符号及引脚排列图

4.2　555 定时器的工作原理

电路内部 C_1、C_2 为比较器，G_1、G_2 与非门组成基本 RS 触发器，经反相缓冲器 G_4 输出为 Q，集电极开路的三极管 T_D(又称放电管)由 Q 控制其导通或截止。现结合电路结构图介绍 555 定时器的工作原理及有关引脚的功能。

555 定时器电路有三个 5 kΩ 电阻构成分压器，当控制电压输入端 VC 悬空时，比较器

C_1 的同相输入端的参考电压为 $u_{1+} = \frac{2}{3}V_{CC}$，比较器 C_2 的反相输入端的参考电压为 $u_{2-} = \frac{1}{3}V_{CC}$。如果 VC 端外加控制电压 u_{IC}，则 $u_{1+} = u_{IC}$，而 $u_{2-} = \frac{1}{2}u_{IC}$。

对于 C_1、C_2 比较器的输出 u_C 与输入关系取决于同相输入端电压 u_+ 与反相输入端电压 u_- 的比较，即

当 $u_+ > u_-$ 时，输出 u_C 为高电平（1 态）；

当 $u_+ < u_-$ 时，输出 u_C 为低电平（0 态）。

对 G_1 和 G_2 构成的基本 RS 触发器，若直接复位端 $\overline{R}_D = 1$，则

当 $V_{C1} = 0$，$V_{C2} = 1$ 时，$\overline{Q} = 1$，$Q = 0$；

当 $V_{C1} = 1$，$V_{C2} = 0$ 时，$\overline{Q} = 0$，$Q = 1$；

当 $V_{C1} = 1$，$V_{C2} = 1$ 时，$\overline{Q}$ 和 Q 维持由上述两种情况中的一种输出过渡过来的状态。

根据上述原理，当 VC 端无外加固定电压时，555 定时器可归纳出如表 3.7 所列四种逻辑功能。

表 3.7 555 定时器功能表

序号	输入			比较器输出		输出	
	直接复位 $\overline{R}_D$	复位控制 TH	置位控制 $\overline{TR}$	u_{C1}	u_{C2}	Q	放电管 T
1	0	×	×	×	×	0	导通
2	1	$> \frac{2}{3}V_{CC}$ 1	$> \frac{1}{3}V_{CC}$ 1	0	1	0	导通
3	1	$< \frac{2}{3}V_{CC}$ 0	$< \frac{1}{3}V_{CC}$ 0	1	0	1	截止
4	1	$< \frac{2}{3}V_{CC}$ 0	$> \frac{1}{3}V_{CC}$ 1	1	1	不变	不变

（1）直接复位功能：当直接复位输入端 $\overline{R}_D = 0$ 时，不管其他输入状态如何，输出 $Q = 0$，$\overline{Q} = 1$，放电管 T 导通。当直接复位端不用时，应使 $\overline{R}_D = 1$，这时可行使下列功能。

（2）复位功能：当复位控制输入 $TH > \frac{2}{3}V_{CC}$，置位控制输入 $TR > \frac{1}{3}V_{CC}$ 时，使 $u_{C1} = 0$，$u_{C2} = 1$，则 $\overline{Q} = 1$，$Q = 0$，放电管 T 导通。

（3）置位功能：当 $TH < \frac{2}{3}V_{CC}$，$\overline{TR} < \frac{1}{3}V_{CC}$ 时，使 $u_{C1} = 1$，$u_{C2} = 0$，则 $\overline{Q} = 0$，$Q = 1$，放电管 T 截止。

（4）维持功能：当 $TH < \frac{2}{3}V_{CC}$，$\overline{TR} > \frac{1}{3}V_{CC}$ 时，使 $u_{C1} = 1$，$u_{C2} = 1$，则 $\overline{Q}$ 和 Q 状态维持不变，T 状态也不变。

为便于记忆上述功能，我们把 TH（6 号引脚）输入端电压在 $> \frac{2}{3}V_{CC}$ 时作为 1 状态，在

$< \dfrac{2}{3}V_{CC}$时作为 0 状态；而把 $\overline{TR}$(2 号引脚)输入端电压在 $> \dfrac{1}{3}V_{CC}$时作为 1 状态，在 $< \dfrac{1}{3}V_{CC}$ 作为 0 状态。这样在 $\overline{R}_D = 1$ 时，就可以得到表 3.7 中粗框内所示的功能规律，即 555 定时器输入与输出的状态关系可归纳为：1、1 出 0；0、0 出 1；0、1 不变。这给分析输出与输入状态关系和工作波形带来方便。

值得注意的是，在表 3.7 内未列入 $TH > \dfrac{2}{3}V_{CC}$，$\overline{TR} < \dfrac{1}{3}V_{CC}$时的工作状态，这时 $u_{C1} = 0$，$u_{C2} = 0$，虽然基本 RS 触发器 Q 端输出为 1 是确定的，但是在此基础上若转入序号 4 的工作状态，由与非门组成的基本 RS 触发器可知，这时 Q 的状态是不确定的。因此这种工作状态不允许使用，在实际应用中，应避免。

4.3　555 定时器的应用

1. 用 555 定时器组成单稳态触发器电路

（1）电路的组成及工作原理

用 555 定时器组成的单稳态触发器电路如图 3.27（a）所示。其工作原理如下：

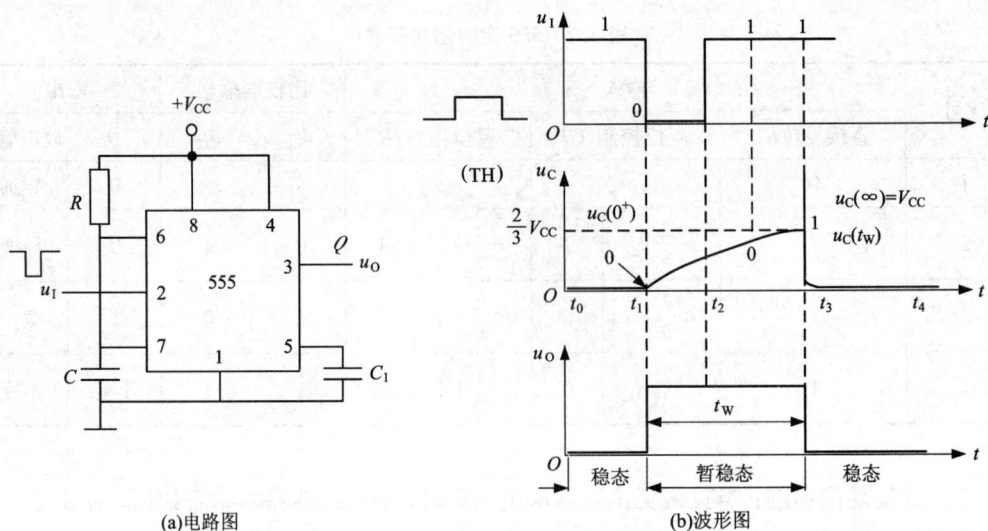

(a)电路图　　　　　(b)波形图

图 3.27　单稳态触发器

① $t_0 \sim t_1$ 稳态。

输入脉冲信号 u_I 加在位置控制输入端 2 号引脚上，平时为高电平。在电路连接电源后，有一个进入稳态过程，即电源通过 R 向电容 C 充电，当其上电压 $u_c \geqslant \dfrac{2}{3}V_{CC}$，则 6 号引脚状态为 1，$u_I$ 的 2 号引脚状态也为 1，则输出为 0，放电管 T 导通，电容上电压 u_c 通过 7 号引脚放电，使 6 号引脚状态为 0，则输出不变，仍为 0，电路处于稳定状态，如表 3.8 中 $t_0 \sim t_1$ 期间所列。其工作波形如图 3.27（b）所示。

表 3.8 555 定时器单稳态电路工作状态

时间	工作状态	6 号引脚状态 电容电压 u_C	2 号引脚状态 输入电压 u_I	输出状态	放电管 T
$t_0 \sim t_1$	稳态	0	1	0(不变)	导通
t_1 时刻	触发翻转	0	下跳到 0	1	截止
$t_1 \sim t_3$	暂稳态	0(充电)	0、1	1(不变)	截止
t_3 时刻	恢复稳态	1($\geq \frac{2}{3}V_{CC}$)	1	0	导通
$t_3 \sim t_4$	稳态	0(放电)	1	0(不变)	导通

②$t_1 \sim t_3$ 稳态。

在 t_1 时刻，输入 u_I 为下降沿触发信号，2 号引脚状态为 0，而 6 号引脚状态仍为 0，这时电路输出发生翻转为 1，放电管 T 截止，电容开始充电，电路进入暂稳态。此后，在 t_2 时刻，电容电压还未充到 $\frac{2}{3}V_{CC}$，输入 u_I 必须由 0 变为 1，故 6 号、2 号引脚状态在 $t_1 \sim t_3$ 为 0、0 和 0、1，输出一直为 1，放电管处于截止状态。

③t_3 时刻恢复稳态。

在 t_3 时刻，电容上电压被充到 $\geq \frac{2}{3}V_{CC}$ 时，这时 6 号、2 号引脚状态为 1、1，使输出由 1 翻转为 0，暂稳态结束，电路又恢复稳态。这时放电管 T 导通，u_C 立即快速放电，使 6 号、2 号引脚状态为 0、1，输出维持不变，为 0 态，电路处于稳态。图 3.27(b) 表示出了各时期的波形和工作状态。

由上述可知，555 定时器组成的单稳态电路是由输入脉冲信号的下降沿触发使输出状态翻转的。另外，在暂稳态过程结束之前，u_I 必须恢复为 1，否则电路内的 RS 触发器成为不确定工作状态，且输出不能维持 0 态。因此这种单稳态电路只能用负的窄脉冲触发。如果输入脉宽大于输出脉宽，则输入端可加 RC 微分电路，使输入脉宽变窄。

(2)输出脉冲宽度的计算

输出 u_0 的脉冲宽度 t_W 也就是暂稳态的持续时间，可以根据 u_C 的波形进行计算。

根据 RC 电路瞬态过程的分析，可得到

$$u_C = u_C(\infty) + [u_C(0^+) - u_C(\infty)] e^{-\frac{t}{\tau}} \tag{3.4.1}$$

当式中 $t = t_W$ 和时间常数 $\tau = RC$ 时，可得

$$t_W = RC\ln \frac{u_C(\infty) - u_C(0^+)}{u_C(\infty) - u_C(t_W)} \tag{3.4.2}$$

由 u_C 波形图可知，式中 $u_C(\infty) = V_{CC}$，$u_C(0^+) = 0$ V，$u_C(t_W) = \frac{2}{3}V_{CC}$。代入式 (3.4.2)，故

$$t_W = RC\ln \frac{V_{CC} - 0}{V_{CC} - \frac{2}{3}V_{CC}} = 1.1RC \tag{3.4.3}$$

上式应用时,应注意单位:R 为欧姆,C 为法拉,则 t_W 为秒。

　　这种电路产生的脉冲宽度可以从几微秒到数分钟。可以通过改变元件 R、C 参数调节脉冲宽度,精度可达到 0.1%。

　　由上述原理可知,在电路处于暂稳态期间,如果加入新的触发信号,并不能改变原先暂稳态的持续时间,因此,把这种单稳态电路称为非重复触发的单稳态电路。

　　2. 用 555 定时器组成脉冲宽度调制器

　　如果在 555 定时器组成的单稳态电路中,在 5 号引脚的控制电压输入端 VC 加上按正弦规律变化的控制电压 u_{IC},而在 2 号引脚的位置控制输入端加时钟脉冲信号 u_{CP},即可组成脉冲宽度调制器,其电路和波形图如图 3.28 所示,这是由于 555 定时器内部比较器 C_1 的参考电压 u_{1+}(5 号引脚 VC)按 u_{IC} 正弦规律变化,因此在 u_{CP} 的下跳沿触发下,电容 C 开始充电,这样要求 u_C 使电路恢复稳态所需阈值电压(即参考电压 u_{1+})和暂稳态持续时间 t_W 也随正弦波电压高、低而变化。因而在输出端为一串宽度受正弦波调制的脉冲波形。

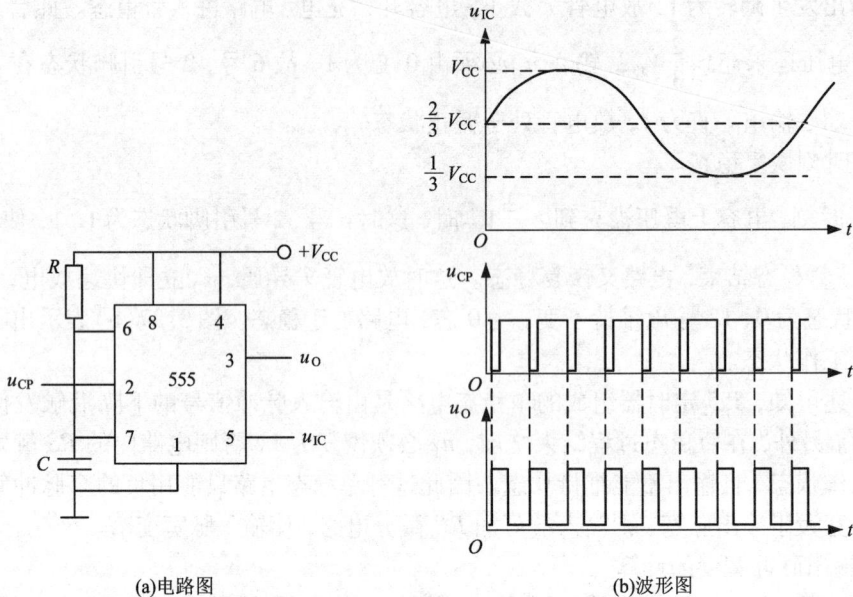

(a)电路图　　　　　　　　　　　　　　　　　(b)波形图

图 3.28　脉冲宽度调制器

　　3. 用 555 定时器组成的施密特触发器

　　由 555 定时器组成的施密特触发器的电路如图 3.29(a)所示。只需要将 6 号与 2 号引脚相连,作为信号输入端。现设输入信号 u_I 为图 3.29(b)所示三角波,根据定时器工作原理可知,在 u_I 的 $a-b$ 段,由 u_I 由小到大,在未达到 $\frac{2}{3}V_{CC}$ 之前,6 号、2 号引脚状态为 0、0 和 0、1,故 3 号引脚输出 u_{O1} 为 1 态;当 u_I 达到 b 点为 $U_{T+}=\frac{2}{3}V_{CC}$ 时,6 号、2 号引脚状态为 1、1,输出 u_{O1} 翻转为 0;在 u_I 为 $b-c-d$ 期间,6 号、2 号引脚状态为 1、1,0、1,输出

u_{01}仍维持为0；当u_I达到d点为$U_{T-} = \frac{1}{3}V_{CC}$时，6号、2号引脚状态为0、0，输出$u_{01}$又翻转为1态。此后$u_I$在$d-e-f$期间，6号、2号引脚状态为0、0和0、1，输出$u_{01}$仍维持为1，直到$u_I$达到$f$点为$\frac{2}{3}V_{CC}$，$u_{01}$又变为1态。这样将输入$u_I$的三角波转为方波输出，因此又称之为整形。

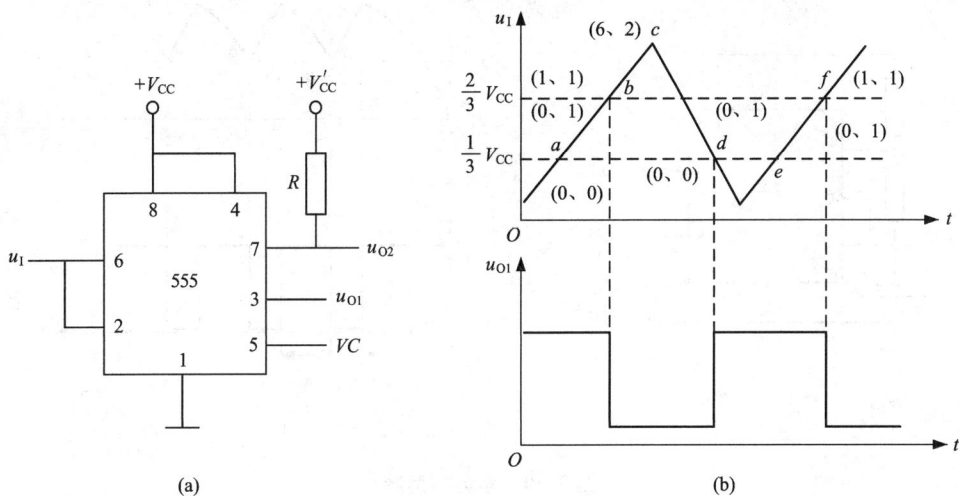

图3.29 施密特触发器

(a)电路图；(b)波形图

上述555定时器组成的施密特触发器电路的阈值电压$U_{T+} = \frac{2}{3}V_{CC}$，$U_{T-} = \frac{1}{3}V_{CC}$，回差电压$\Delta U_H = \frac{1}{3}V_{CC}$。

若在5号控制电压的输入端VC外加控制电压，则可改变电路内部比较器C_1和C_2的参考电压，也就改变U_{T+}、U_{T-}和ΔU_H的值。另外利用放电管集电极的7号引脚，通过外接电阻R与另一组电源V'_{CC}相连，由u_{02}作为输出可实现电平转换，这时u_{02}高电平变为V'_{CC}。

4. 用555定时器组成的多谐振荡器

(1)振荡频率的计算

用555定时器组成的多谐振荡器电路图和工作波形分别如图3.30(a)、(b)所示，其工作原理简述如下：

在接通电源后，V_{CC}通过R_1、R_2对电容C充电，在u_C未达到$\frac{1}{3}V_{CC}$和$\frac{2}{3}V_{CC}$之前，6号、2号引脚状态为0、0和0、1，故输出u_0为1，放电管T截止。当电容C被充电达到$u_C \geqslant \frac{2}{3}V_{CC}$时，6号、2号引脚状态为1、1，则输出$u_0$翻转为0，放电管$T$导通。此时电容$C$开始通过$R_2$和$T$放电，使$u_C$按指数曲线下降。当$u_C$处于$\frac{2}{3}V_{CC}$和$\frac{1}{3}V_{CC}$之间时，6号、2号引脚

状态为 0、1，输出维持为 0，电容 C 继续放电，直到 $u_C \leqslant \dfrac{1}{3}V_{CC}$，使 6 号、2 号引脚状态为 0、0，输出 u_O 又翻转为 1 态，放电管 T 截止，电容 C 又开始充电，这样周而复始地振荡下去，输出 u_O 为图 3.30（b）所示矩形波。

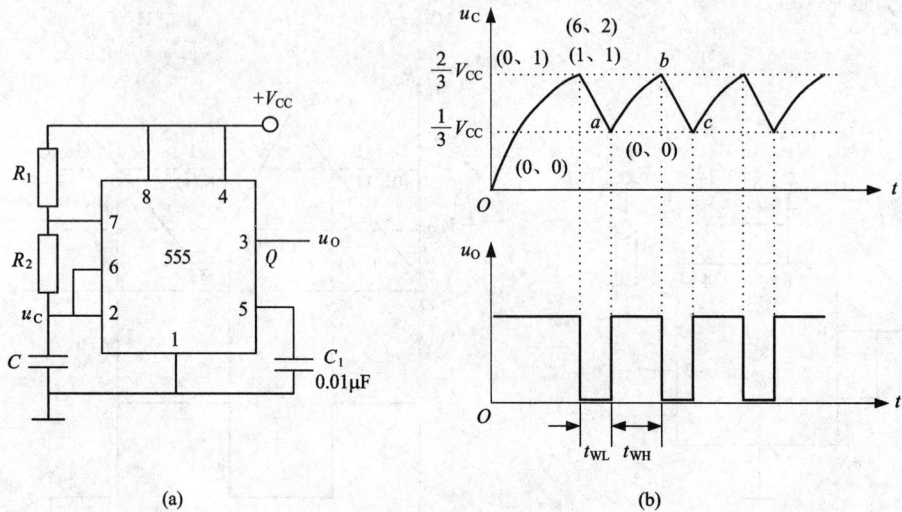

图 3.30 多谐振荡器

(a) 电路图；(b) 波形图

（2）振荡频率的计算

由图 3.30(b) 所示的 u_C 波形 $a-b$ 和 $b-c$ 段的电容充、放电时间可计算其振荡频率。
输出高电平的脉宽为电容 C 充电暂稳态的时间

$$t_{WH} = (R_1 + R_2)\ln \frac{V_{CC} - \dfrac{1}{3}V_{CC}}{V_{CC} - \dfrac{2}{3}V_{CC}} = 0.7(R_1 + R_2)C \tag{3.4.4}$$

输出低电平的脉宽为电容 C 放电暂稳态的时间：

$$t_{WL} = R_2 C \ln \frac{0 - \dfrac{2}{3}V_{CC}}{0 - \dfrac{1}{3}V_{CC}} = 0.7R_2 C \tag{3.4.5}$$

故振荡频率为

$$f = \frac{1}{t_{WH} + t_{WL}} = \frac{1}{0.7(R_1 + 2R_2)C} \tag{3.4.6}$$

由于充电时间常数 $\tau_C = (R_1 + R_2)C$ 大于放电时间常数 $\tau_d = R_2 C$，因此矩形波的占空比为

$$q = \frac{t_{WH}}{t_{WH} + t_{WL}} = \frac{R_1 + R_2}{R_1 + 2R_2} > 50\% \tag{3.4.7}$$

由上式可知，无论改变 R_1 或 R_2，q 总是 $>50\%$。在改变占空比同时，振荡频率也将改

变。如果改变 q 的同时，要求振荡频率 f 保持不变，可采用占空比可调而振荡频率保持不变的矩形波发生器，其电路如图 3.31 所示。由图可知，根据二极管 D_1 和 D_2 的单向导电性，其充电回路为：$V_{CC} \rightarrow R_A \rightarrow D_1 \rightarrow C \rightarrow$ 地，充电时间常数 $\tau_C = R_A C$；放电回路为：$u_C(+)$ $\rightarrow D_2 \rightarrow R_B \rightarrow T \rightarrow$ 地 $[u_C(-)]$，放电时间常数为：$\tau_d = R_B C$，其工作波形与图 3.30(b) 完全相同，若不计二极管正向导通等效电阻，则输出矩形波高电平的脉宽为

$$t_{WH} = 0.7 R_A C \tag{3.4.8}$$

矩形波低电平的脉宽为

$$t_{WL} = 0.7 R_B C \tag{3.4.9}$$

振荡频率为

$$f = \frac{1}{0.7(R_A + R_B)C} \tag{3.4.10}$$

占空比

$$q = \frac{R_A}{R_A + R_B} \tag{3.4.11}$$

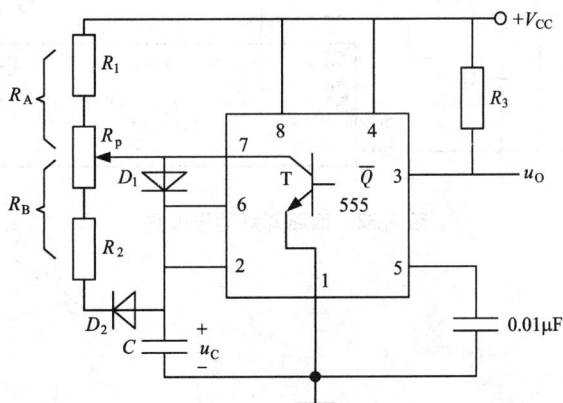

图 3.31 占空比可调振荡频率不变的多谐振荡器

由上两式可知，在调节电位器 R_P 的滑臂位置时，$R_A + R_B$ 保持不变，改变了 R_A 阻值，故在改变 q 时可使 f 保持不变。如果 R_B 改用固定电阻，在 R_A 中串接电位器，这样，在改变 R_A 时，只改变 t_{WH}，而 T_{WL} 不变，同时可使 f 改变。这种电路在电脉冲刺激治疗仪和其他方面应用很广。

若在 5 号引脚的控制电压端外加不同信号电压，即改变了内部比较器 C_1 和 C_2 的参考电压 u_{1+} 和 u_{2-}，可实现振荡频率的控制，组成压控振荡器。

电阻 R_3 的作用，使输出高电平为 V_{CC}，以便与 CMOS 电路输入高电平相匹配，故 R_3 又称为上拉电阻。

三、任务实现

1 电路与原理

四路彩灯的原理图如图3.32所示。

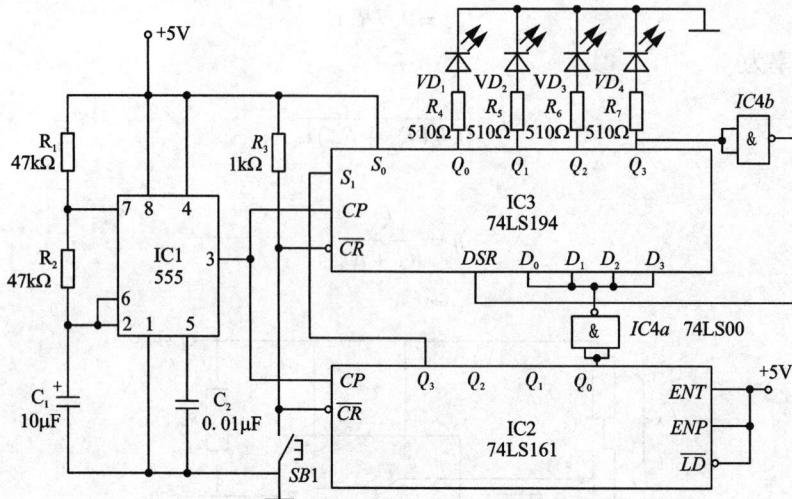

图 3.32　四路彩灯的原理图

2 技能要求

（1）元器件检测。

本套元件是按所需元件的120%配置，请准确清点和检查全套装配材料数量和质量，进行元器件的识别和检测，筛选确定元器件。元件检测见表3.9。

表 3.9　元件测试

元器件	识别和检测内容	
电阻1支	色环或数码	标称值（含误差）
	黄紫黑红棕（五环）	
电容1支	103	
LED	万用表读数（含单位）	数字表　或　指针表
		正测
		反测

（2）检测74LS194功能是否正常，填表3.10。

表 3.10 74LS194 功能检测

脉冲	输出端			
	Q_0	Q_1	Q_2	Q_3
1				
2				
3				
4				
5				
6				
7				
8				

（3）绘制装配图，根据装配图安装印制电路板。

印制电路板组件符合《IPC－A－610D 印制板组件可接受性标准》的二级产品等级可接收条件。装配完成后，通电测试，利用提供的仪表测试本电路。

（4）完成下列工艺文件。

①列出元件清单；

②列出工具设备清单；

③画出电路装配图；

④简述电路装调的步骤。

3 素养要求

符合企业的 6S（整理、整顿、清扫、清洁、修养、安全）管理要求。能按要求进行仪器/工具的定置和归位，工作台面保持清洁，及时清扫废弃管脚及杂物等。能事前进行接地检查，具有安全用电意识。

符合电子产品生产企业的员工的基本素养要求，体现良好的工作习惯。如：尽量避免裸手接触可焊接表面；不可堆叠组件；电烙铁设置和接地检查，先无电或弱电检测（用电压表或万用表）再上电检测；电源或信号输出先检测无误再断电接上作品后再接上电；掌握好仪器的通或断电顺序；详细记录实验环境和数据等。

4 评分标准

任务的评分标准分职业素养与操作规范、作品两个方面，每个部分各占成绩的 50%，职业素养与操作规范、作品两项均需合格，总成绩评定为合格。具体评分标准见表 3.11 所示。

表 3.11　四路彩灯的组装与调试的评分标准

评价内容	分值	考核点	备注
职业素养与操作规范（50分）	5	正确着装与佩戴防护用具，做好工作前准备	出现明显失误造成元件或仪器、设备损坏等安全事故；严重违反纪律，造成恶劣影响的此项计0分
	5	采用正确方法选择电器元器件	
	10	合理选择设备或工具，对元件进行成型和插装	
	5	正确选择装配工具和材料，装配过程符合手工装配和焊接操作要求	
	15	合理选择仪器仪表，正确操作仪器设备对电路进行调试	
	5	按正确流程装调，并及时记录装调数据	
	5	任务完成，整齐摆放工具、凳子，整理工作台面等符合"6S"要求	
作品（50分） 工艺	20	电路板作品要求符合 IPC－A－610 标准中各项可接受条件的要求，即符合标准中的元件成型、插装、手工焊接等工艺要求的可接受最低条件 1. 元器件选择正确 2. 成型和插装符合工艺要求 3. 元件引脚和焊盘浸润良好，无虚焊、空洞或堆焊现象 4. 无短路现象	
功能	20	电路通电正常工作，且各项功能完好，功能缺失按比例扣分	
指标	10	测试参数正确，即各项技术参数指标测量值上下限不超过要求的10%	

小　结

时序逻辑电路由触发器和组合逻辑电路组成，而起存储作用的触发器是必不可少的。时序逻辑电路的输出不仅和输入有关，而且还与电路原来的状态有关。

描述时序逻辑电路逻辑功能的方法有逻辑图、状态方程、驱动方程、输出方程、状态转换真值表、状态转换图和时序图等。

分析时序逻辑电路的方法是：①写出各触发器的激励方程，次态方程及输出方程；②列状态真值表；③画状态转移图和时序图，并画出电路的逻辑图。其关键是求出状态方程和状态转换真值表。

计数器是能快速记录输入脉冲个数的部件。它的种类很多，按计数进制的不同分为：二进制计数器、十进制计数器(BCD 码)和任意进制计数器。按计数增减规律分为：加法计数器、减法计数器和可逆计数器。按触发器翻转是否同步分为：同步计数器和异步计数器。

　　计数器可用作计数、分频、脉冲分配等，中规模集成计数器的功能完善，使用方便灵活。功能表是其正确使用的依据。要求能正确分析计数器的逻辑功能，根据需要选用合适的中规模集成计数器，并能用置0或置数的方法构成任意进制计数器。

　　寄存器主要用以存放数码。移位寄存器不但可存放数码，而且还能对数据进行移位操作和作其他用途。移位寄存器有单向移位寄存器和双向移位寄存器。集成移位寄存器具有使用方便、功能全、输入和输出方式灵活等特点。

　　同步时序逻辑电路的设计主要分三个步骤：①根据设计要求画出状态转换图、进行状态化简、列出状态转换真值表；②根据状态转换真值表用卡诺图求出输出方程、各触发器的状态方程，由此求出驱动方程；③根据驱动方程和输出方程画出所求同步时序逻辑电路的逻辑图。上述设计步骤对于较复杂的同步时序逻辑电路的设计同样适用。

　　对于各种集成的寄存器、计数器，应重点掌握它们的逻辑功能表，了解各控制端的作用及有效电平，使用时能正确设置各端的逻辑电平。

　　多谐振荡器是脉冲波形的产生电路，单稳态触发器和施密特触发器是常见的脉冲整形电路，555定时器则可以灵活地接成上述三种电路，这些电路在数字电路中都有着重要的作用。

　　单稳态触发器有一个稳定状态和一个暂稳态。没有外加触发信号输入时，电路处于稳定状态。在外加触发信号作用下，电路进入暂稳态，经一段时间后，又自动返回到稳定状态。暂稳态维持的时间为输出脉冲宽度，它由电路的 R、C 定时元件的数值决定，而与输入触发信号没有关系。改变 R、C 数值的大小可调节输出脉冲的宽度。单稳态触发器可将输入的触发脉冲变换为宽度和幅度都符合要求的矩形脉冲，还常用于脉冲的定时、整形、展宽等。集成单稳态触发器。由于其具有温度漂移小、工作稳定性高、脉冲宽度调节范围大、使用方便灵活的特点，因此，它是一种较为理想的脉冲整形与变换电路。

　　施密特触发器有两个稳定状态，这两个稳定状态是靠两个不同的电平来维持的。当输入信号的电平上升到正向阈值电压 U_{T+} 时，输出状态从一个稳定状态翻转到另一个稳定状态；而当输入信号的电平下降到负向阈值电压 U_{T-} 时，电路又返回到原来的稳定状态。由于正向阈值电压 U_{T+} 和负向阈值电压 U_{T-} 的值不同，因此，施密特触发器具有回差特性，回差电压 $\Delta U_T = U_{T+} - U_{T-}$。施密特触发器可将任意波形（包括边沿变化非常缓慢的波形）变换成上升沿和下降沿都很陡峭的矩形脉冲，还常用来进行幅度鉴别，脉冲整形、构成单稳态触发器和多谐振荡器。

　　多谐振荡器没有稳定状态，只有两个暂稳态。暂稳态间的相互转换完全靠电路本身电容的充电和放电自动完成。因此，多谐振荡器接通电源后就能输出周期性的矩形脉冲。改变 R、C 定时元件数值的大小，可调节振荡频率。在振荡频率稳定度要求很高的情况下，可采用石英晶体振荡器。

　　555定时器是一种多用途的集成电路。只需外接少量阻容元件便可构成施密特触发器、单稳态触发器和多谐振荡器等。此外，它还可组成其他各种实用电路。由于555定时器使用方便、灵活，有较强的负载能力和较高的触发灵敏度，因此，它在自动控制、仪器仪表、家用电器等许多领域都有着广泛的应用。

习题三

3.1 分析题图 1 时序电路的逻辑功能，写出电路的驱动方程、状态方程和输出方程，画出电路的状态转换图，说明电路能否自启动。

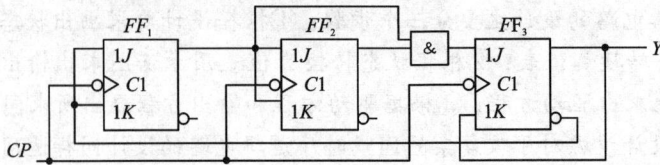

题图 1

3.2 试分析题图 2 时序电路的逻辑功能，写出电路的驱动方程、状态方程和输出方程，画出电路的状态转换图，检查电路能否自启动。

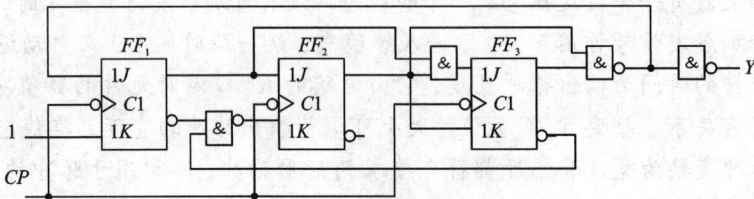

题图 2

3.3 分析题图 3 的计数电路，画出电路的状态转换图，说明这是多少进制的计数器。

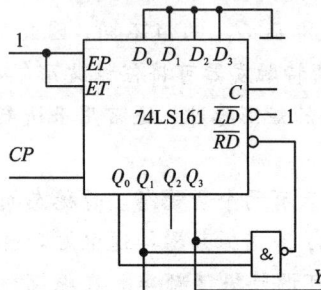

题图 3

3.4 试用 4 位同步二进制计数器 74LS161 接成十二进制计数器，标出输入、输出端。可以附加必要的门电路。

3.5 设计一个可控进制的计数器，当输入控制变量 $M = 0$ 时工作在五进制，$M = 1$ 时工作在十五进制，请标出计数输入端和进位输出端。

3.6 分析题图 4 给出的电路，说明这是多少进制的计数器，两片之间是多少进制。

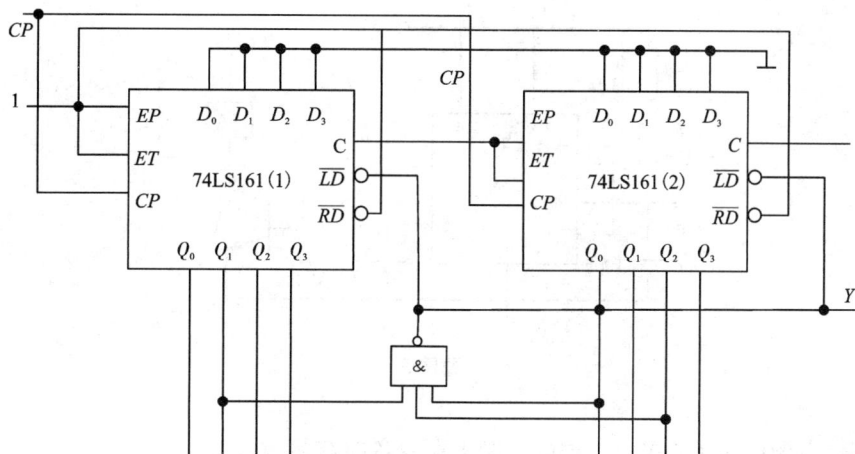

题图 4

3.7 设计一个灯光控制逻辑电路,要求红、绿、黄三种颜色的灯在时钟信号作用下按下表规定的顺序转换状态。表中的 1 表示"亮",0 表示"灭"。要求电路能自启动,并尽可能采用中规模集成电路芯片。

CP 顺序	红	黄	绿
0	0	0	0
1	1	0	0
2	0	1	0
3	0	0	1
4	1	1	1
5	0	0	1
6	0	1	0
7	1	0	0
8	0	0	0

3.8 用 D 触发器和门电路设计一个十一进制计数器,并检查设计的电路能否启动。

3.9 如图所示为继电器点动时间可控电路,在 u_1 输入窄脉冲信号触发下,调节 R_p 可改变继电器 K_A 的动作时间。

(1)试计算继电器动作时间可调范围。

(2)已知继电器线圈支流绕组电阻为 24 Ω,定时器输出高电平为 3.6 V,三极管 $\beta =$ 50。试计算:电阻 R_2 最大值和三极管 T 的极限参数 I_{CM},$U_{(BR)CEO}$ 至少应为多大?设三极管饱和压降 $U_{CE(sat)} \approx 0$ V,$U_{BE} = 0.7$ V,则 R_2 值最大为多少?

3.10 如图所示由 555 定时器组成简易延时门铃。设在 4 号引脚复位端电压小于

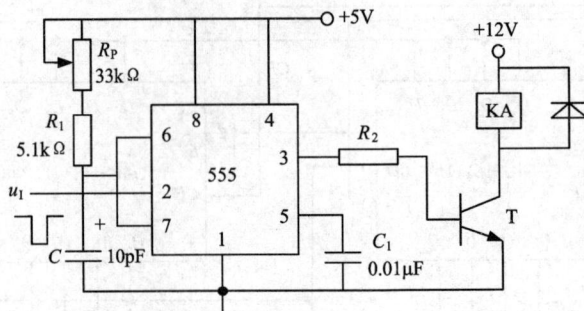

题图 5

0.4 V为0，电源电压为6 V。根据电路图上所示各阻容参数，试计算：

(1)当按钮 SB 按一下放开后，门铃响多长时间才停?

(2)门铃声的频率为多少?

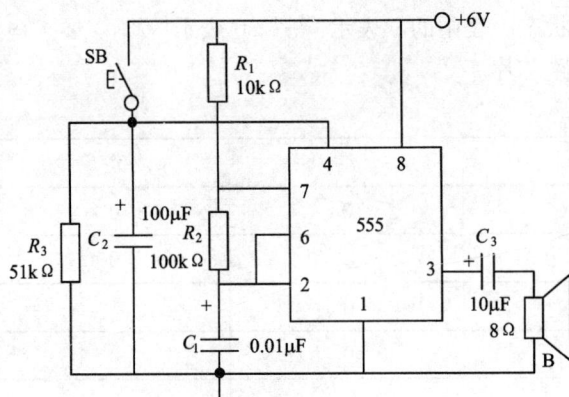

题图 6

3.11　如图所示的单稳态出发器电路中，当电路处于暂稳态期间，输入信号再次加负脉冲触发不起作用。而题图7(a)所示为具有在暂稳态期间重触发的单稳态电路，用于检测题图7(b)所示脉冲失落报警。设电路中电容充电达到 $\frac{2}{3}V_{CC}$ 所需时间大于输入信号周期 t_{W1} 而小于 $2t_{W1}$。试根据 u_1 波形分别画出 u_{C1} 和 u_0 波形，并简述其工作原理。(提示：当 u_1 =0 时，C_1 也可通过 T 快速放电，使 u_C =0)。

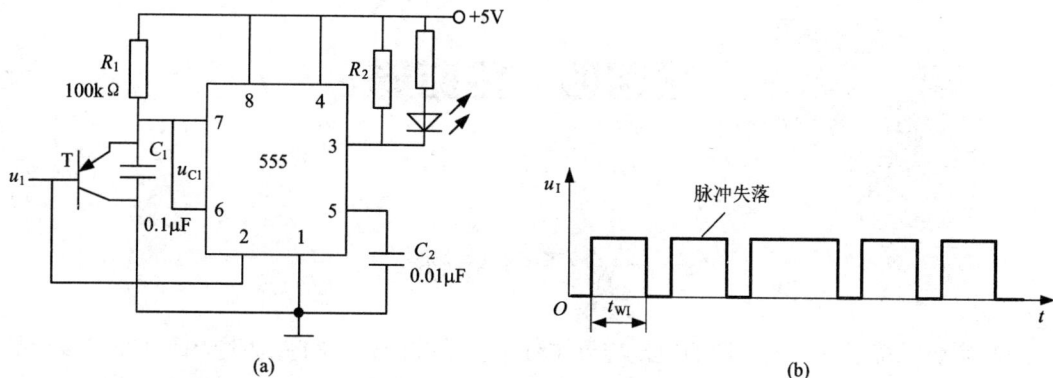

题图 7

3.12　如图所示为波群发生器电路，可用作遥控信号源、救护车警铃声和电刺激治疗仪等振荡信号源。

（1）试分析电路的第一级和第二级的控制作用。

（2）设 R_{p1} 和 R_{p2} 阻值均处于最大时，试画出第二级输出波形，并计算前、后两级输出波形的周期参数和振荡频率。

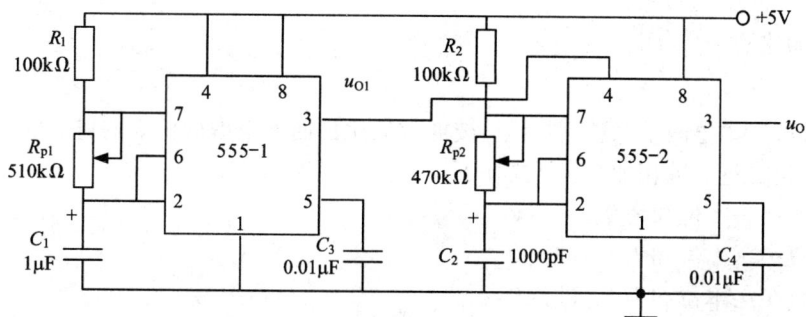

题图 8

项目四 定时器

一、任务描述

某企业承接了一批定时器的组装与调试任务。请按照相应的企业生产标准完成该产品的组装和调试，实现该产品的基本功能，满足相应的技术指标，并正确填写测试报告。为很好地完成任务，认识密码锁的结构和原理，必须先学习以下相关知识。

二、知识准备

1 加法器

两个二进制数之间的算术运算不管是加减还是乘除的都可以转化为加法运算，所以说加法器是构成算术运算基本单元，一位全加器又是组成加法器的基础，半加器又是全加器的基础。

1.1 加法器

1. 半加器

只考虑进行本位两个二进制加数、被加数的相加而不考虑低位来的进位。

两个一位二进制数相加，运算式如下：

$0+0=0$……本位和为 0，进位 0

$0+1=1$……本位和为 1，进位 0

$1+0=1$……本位和为 1，进位 0

$1+1=10$……本位和为 0，进位 1

可以看出：半加器相加的数有两个，分别是 A、B；相加的结果有两个，一个是本位和 S，一个是进位 C。按照上面的运算可列出如表 4.1 所示的功能表。

表 4.1　半加器的功能表

输　入		输　出	
A	B	S	C
0	0	0	0
0	1	1	0
1	0	1	0
1	1	0	1

由功能表直接写出表达式：

$S = \overline{A}B + A\overline{B} = A \oplus B$

$C = AB$

逻辑图如图 4.1 所示

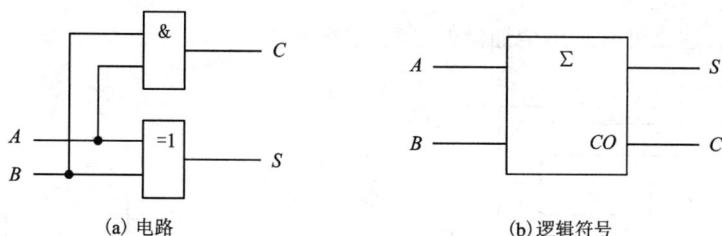

(a) 电路　　　　　　　　　　　(b) 逻辑符号

图 4.1　半加器的逻辑电路

2. 全加器

在将两个多位二进制数相加时，除了进行本位数相加外还要考虑和相邻低位的进位位相加的运算电路称为全加器。

两个四位二进制数相加，$A = 1101$，$B = 0101$，运算式如下：

$$
\begin{array}{cccccl}
  & 1 & 1 & 0 & 1 & A_i \\
+ & 0 & 1 & 0 & 1 & B_i \\
\hline
  & 1 & 1 & 0 & 0 & \text{低位的进位 } C_{i-1} \\
1 & 0 & 0 & 1 & 0 & \text{本位的和 } S_i \\
\end{array}
$$

可以看出：全加器相加的数有三个，分别是 A_i、B_i、C_{i-1}，结果有两个，一个是本位和 S_i，一个是进位 C_i。按照上面的运算可列出如表 4.2 所示的功能表。

表 4.2　全加器的功能表

输　　入			输　　出	
A_i	B_i	C_{i-1}	S_i	C_i
0	0	0	0	0
0	0	1	1	0
0	1	0	1	0
0	1	1	0	1
1	0	0	1	0
1	0	1	0	1
1	1	0	0	1
1	1	1	1	1

由功能表直接写出逻辑表达式，再经代数法化简和转换得：

$$S_i = \overline{A_i}\,\overline{B_i}C_{i-1} + \overline{A_i}B_i\,\overline{C_{i-1}} + A_i\,\overline{B_i}\,\overline{C_{i-1}} + A_iB_iC_{i-1}$$

$$= \overline{(A_i\oplus B_i)}\,C_{i-1} + (A_i\oplus B_i)\,\overline{C_{i-1}}$$

$$= A_i\oplus B_i\oplus C_{i-1}$$

$$C_i = \overline{A_i}B_iC_{i-1} + A_i\,\overline{B_i}C_{i-1} + A_iB_i\,\overline{C_{i-1}} + A_iB_iC_{i-1}$$

$$= A_iB_i + (A_i\oplus B_i)\,C_{i-1}$$

根据逻辑表达式可以画出全加器的逻辑电路图

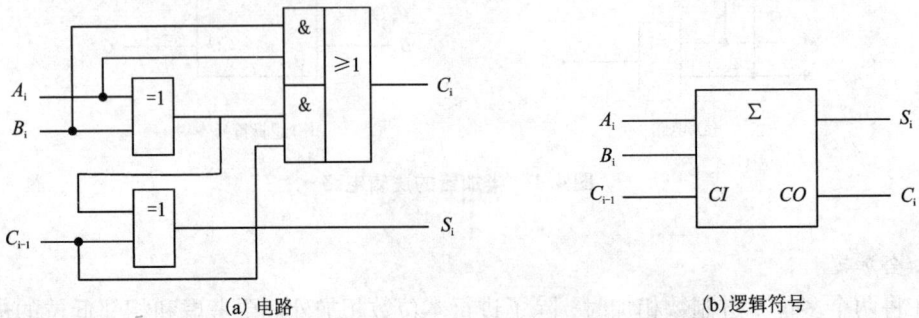

(a) 电路 (b) 逻辑符号

图 4.2　全加器的逻辑电路

1.2　多位加法器

实现多位二进制加法运算的电路称为加法器,按照相加方式的不同一般又分为串行进位加法器和超前进位加法器。下次简单介绍串行进位加法器。

串行进位加法器

全加器只能进行一位二进制数相加,多位二进制数相加时每一位都是带进位相加,所以必须用多个全加器构成。图 4.3 就是一个 4 位串行进位加法器,只需将低位全加器的进位输出端与高位全加器的进位输入端连接起来即可。

这种方法最大的缺点就是速度慢,若要提高运算速度,必须设法减少进位信号逐级传送所耗的时间,可以采用超前进位的结构形式。

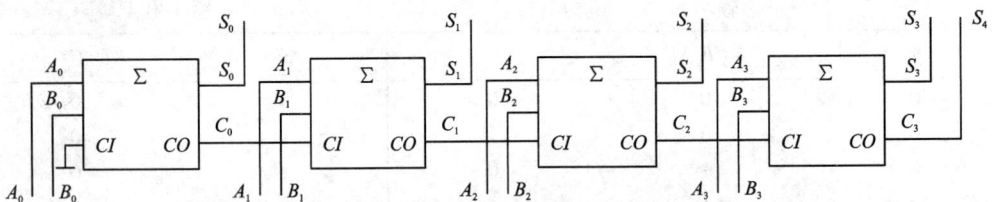

图 4.3　4 位串行进位加法器

2　编码器

编码就是将数字、字符等信息转换成相应二进制代码的过程。能实现编码功能的电路,称为编码器。n 位二进制码能表示 2^n 个不同的信息,因此 N 个不同的信号,至少需要

n 位二进制数编码。N 和 n 之间满足下列关系：$2^n \geq N$。常用的编码器主要有二进制编码器、二 - 十进制编码器、优先编码器等。

2.1　二进制编码器

3 位二进制编码器有 8 个输入端，3 个输出端，所以常称为 8 线 - 3 线编码器，其功能见表 4.3（输入为高电平有效）。

表 4.3　8 线 - 3 线编码器功能表

输　　入								输　　出		
I_0	I_1	I_2	I_3	I_4	I_5	I_6	I_7	Y_2	Y_1	Y_0
1	0	0	0	0	0	0	0	0	0	0
0	1	0	0	0	0	0	0	0	0	1
0	0	1	0	0	0	0	0	0	1	0
0	0	0	1	0	0	0	0	0	1	1
0	0	0	0	1	0	0	0	1	0	0
0	0	0	0	0	1	0	0	1	0	1
0	0	0	0	0	0	1	0	1	1	0
0	0	0	0	0	0	0	1	1	1	1

由功能表写出各输出的逻辑表达式为：

$$Y_2 = I_4 + I_5 + I_6 + I_7 = \overline{\overline{I_4} \cdot \overline{I_5} \cdot \overline{I_6} \cdot \overline{I_7}}$$

$$Y_1 = I_2 + I_3 + I_6 + I_7 = \overline{\overline{I_2} \cdot \overline{I_3} \cdot \overline{I_6} \cdot \overline{I_7}}$$

$$Y_0 = I_1 + I_3 + I_5 + I_7 = \overline{\overline{I_1} \cdot \overline{I_3} \cdot \overline{I_5} \cdot \overline{I_7}}$$

用门电路实现逻辑电路如图 4.4 所示：

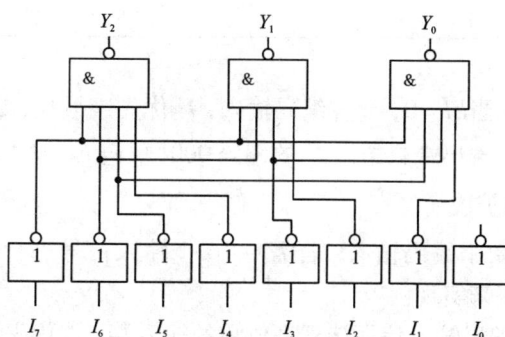

图 4.4　二进制编码器逻辑电路图

2.2　优先编码器

上面所述的编码器，输入信号是相互排斥的，任何时候只允许输入一个信号，否则就会发生混乱。优先编码器，允许同时输入两个以上编码信号，但是只对其中一个优先级别最高的信号进行编码。

集成优先编码器 74LS148(8 线 – 3 线)如图 4.5 所示。

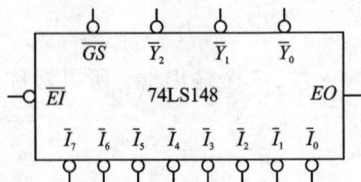

图 4.5 8 线 – 3 线编码器 74LS148

$\overline{EI}$ 为使能输入端(低电平有效),EO 为输出使能端(高电平有效),$\overline{GS}$ 为优先编码工作标志(低电平有效)。

表 4.4 74LS148 功能表

输入									输出				
$\overline{EI}$	$\overline{I_0}$	$\overline{I_1}$	$\overline{I_2}$	$\overline{I_3}$	$\overline{I_4}$	$\overline{I_5}$	$\overline{I_6}$	$\overline{I_7}$	$\overline{Y_2}$	$\overline{Y_1}$	$\overline{Y_0}$	$\overline{GS}$	EO
1	×	×	×	×	×	×	×	×	1	1	1	1	1
0	1	1	1	1	1	1	1	1	1	1	1	1	0
0	×	×	×	×	×	×	×	0	0	0	0	0	1
0	×	×	×	×	×	×	0	1	0	0	1	0	1
0	×	×	×	×	×	0	1	1	0	1	0	0	1
0	×	×	×	×	0	1	1	1	0	1	1	0	1
0	×	×	×	0	1	1	1	1	1	0	0	0	1
0	×	×	0	1	1	1	1	1	1	0	1	0	1
0	×	0	1	1	1	1	1	1	1	1	0	0	1
0	0	1	1	1	1	1	1	1	1	1	1	0	1

由表 4.4 不难看出,当 $\overline{EI}=0$,允许编码输入,$\overline{I_7}$ 优先级最高,$\overline{I_0}$ 最低。当 $\overline{I_7}=0$ 时,不管其他输入端有无信号,输出端只给出 $\overline{I_7}$ 的编码 000(反码)。输入输出为低电平有效。

2.3 集成编码器的扩展

一片 74LS148 只有 8 个编码输入,若需对 16 个输入信号进行编码,我们可使用两片 74LS148 优先编码器扩展来实现。

将优先权高的 8 个编码输入信号接到高位片的输入端,将优先权低的 8 个编码输入信号接到低位片的输入端。当高位片无输入信号时,高位片的 $EO=0$,使得低位片的 $\overline{EI}=0$,允许低位片编码,输出为 1111 ~ 1000(反码);当高位片有输入信号时,高位片的 $EO=1$,使得低位片的 $\overline{EI}=1$,禁止低位片编码,输出为 0111 ~ 0000(反码)。只要有信号输入,不是高位片就是低位片总有一片要工作,即高、低位片标志 GS 总会有一个为 0,所以通过与门之后的标志位 $GS=0$,表示编码器工作,如图 4.6 所示。

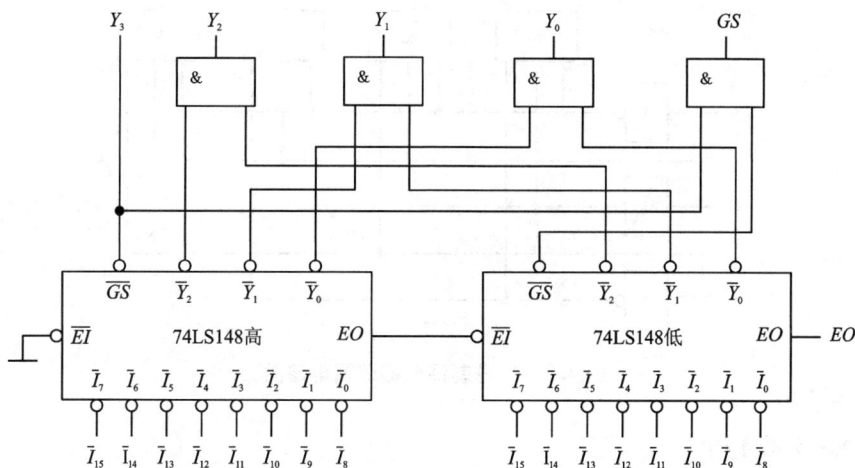

图 4.6　两片 74LS148 构成 16 线 - 4 线优先编码器

3　译码器与显示器

将特定意义的二进制代码转换成相应信号输出的过程称为译码，是编码的逆过程。若译码器输入信号个数为 n，则其输出端个数 $N \leqslant 2^n$。若 $N = 2^n$ 称完全译码，若 $N < 2^n$ 称部分译码。常用的译码器有二进制译码器、二 - 十进制译码器、显示译码器等。

3.1　二进制译码器

1. 2 线 - 4 线译码器

2 线 - 4 线译码器功能如表 4.5 所示。

表 4.5　2 线 - 4 线译码器功能表

输　　入			输　　出			
$\overline{EI}$	A	B	$\overline{Y_0}$	$\overline{Y_1}$	$\overline{Y_2}$	$\overline{Y_3}$
1	×	×	1	1	1	1
0	0	0	0	1	1	1
0	0	1	1	0	1	1
0	1	0	1	1	0	1
0	1	1	1	1	1	0

由功能表可列出各输出函数表达式：

$$\overline{Y_0} = \overline{\overline{EI}\,\overline{A}\,\overline{B}} \qquad \overline{Y_1} = \overline{\overline{EI}\,\overline{A}B}$$

$$\overline{Y_2} = \overline{\overline{EI}A\,\overline{B}} \qquad \overline{Y_3} = \overline{\overline{EI}AB}$$

由表达式得到的逻辑电路如图 4.7 所示：

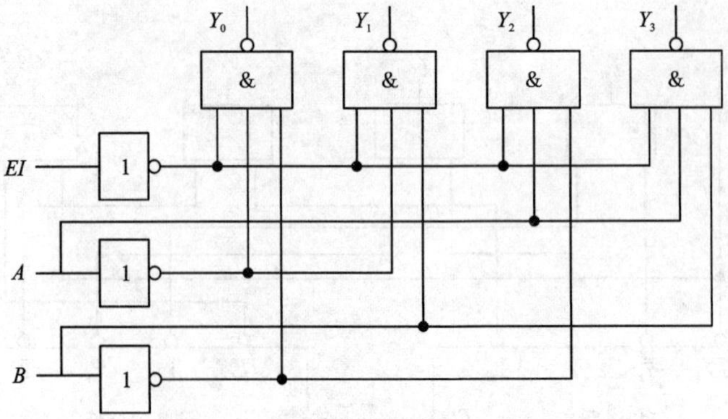

图 4.7　二进制译码器逻辑电路图

2.3 线 – 8 线译码器

3 线 – 8 线译码器 74LS138 输出逻辑函数表达式

$$\overline{Y_0} = \overline{\overline{A_2}\,\overline{A_1}\,\overline{A_0}} = \overline{m_0} \qquad \overline{Y_1} = \overline{\overline{A_2}\,\overline{A_1}\,A_0} = \overline{m_1}$$

$$\overline{Y_2} = \overline{\overline{A_2}A_1\,\overline{A_0}} = \overline{m_2} \qquad \overline{Y_3} = \overline{\overline{A_2}A_1A_0} = \overline{m_3}$$

$$\overline{Y_4} = \overline{A_2\,\overline{A_1}\,\overline{A_0}} = \overline{m_4} \qquad \overline{Y_5} = \overline{A_2\,\overline{A_1}A_0} = \overline{m_5}$$

$$\overline{Y_6} = \overline{A_2A_1\,\overline{A_0}} = \overline{m_6} \qquad \overline{Y_7} = \overline{A_2A_1A_0} = \overline{m_7}$$

由上式可以看出 74LS138 输出为 8 个最小项的反函数。

该译码器的特点设置 G_1，$\overline{G_{2A}}$，$\overline{G_{2B}}$ 三个使能端，当 G_1 为 = 1，且 $\overline{G_{2A}}$、$\overline{G_{2B}}$ 均为 0 时，译码器处于工作状态，这三个控制端又称为片选端，利用片选的作用可以将多片译码器连接起来以扩展译码器的功能。

表 4.6　74LS138 的功能表

输　　入						输　　出							
G_1	$\overline{G_{2A}}$	$\overline{G_{2B}}$	A_2	A_1	A_0	$\overline{Y_0}$	$\overline{Y_1}$	$\overline{Y_2}$	$\overline{Y_3}$	$\overline{Y_4}$	$\overline{Y_5}$	$\overline{Y_6}$	$\overline{Y_7}$
×	1	×	×	×	×	1	1	1	1	1	1	1	1
×	×	1	×	×	×	1	1	1	1	1	1	1	1
0	×	×	×	×	×	1	1	1	1	1	1	1	1
1	0	0	0	0	0	0	1	1	1	1	1	1	1
1	0	0	0	0	1	1	0	1	1	1	1	1	1
1	0	0	0	1	0	1	1	0	1	1	1	1	1
1	0	0	0	1	1	1	1	1	0	1	1	1	1
1	0	0	1	0	0	1	1	1	1	0	1	1	1
1	0	0	1	0	1	1	1	1	1	1	0	1	1
1	0	0	1	1	0	1	1	1	1	1	1	0	1
1	0	0	1	1	1	1	1	1	1	1	1	1	0

3.2 译码器的应用

1. 译码器的扩展

用两片 3 线 – 8 线译码器 74LS138 扩展为 4 线 – 16 线译码器如图 4.8 所示，$A_3A_2A_1A_0$ 为二进制代码输入端，$Y_0 \sim Y_{15}$ 为输出端。

当输入端 $A_3 = 0$ 时，即输入信号在 0000 ~ 0111 这 8 组代码间变化时，低位片 74LS138（1）工作，$Y_0 \sim Y_7$ 相应输出端为低电平，高位片 74LS138（2）禁止，输出 $Y_8 \sim Y_{15}$ 全位高电平。

当输入端 $A_3 = 1$ 时，即输入信号在 1000 ~ 1111 这 8 组代码间变化时，高位片 74LS138（2）工作，$Y_8 \sim Y_{15}$ 相应输出端为低电平，低位片 74LS138（1）禁止，$Y_0 \sim Y_7$ 输出全位高电平。

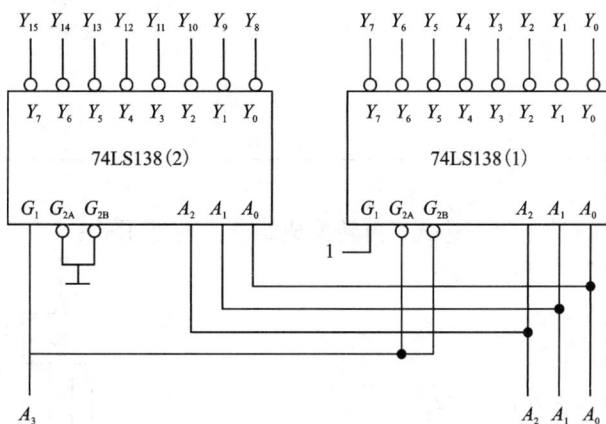

图4.8 两片 74LS138 组成 4 线 – 16 线译码器

2. 实现组合逻辑电路

由于 n 个输入变量的二进制译码器的输出提供了 2^n 个最小项，而任何一个逻辑函数可以变换为最小项之和的标准与 – 或表达式。因此可利用译码器和门电路来实现组合逻辑电路。

例 4.3 用译码器和门电路实现逻辑函数：

$$Y = \overline{B}C + AB$$

解： 将逻辑函数转换成最小项表达式，再转换成与非 – 与非形式。

$$Y = \overline{B}C + AB$$
$$= \overline{A}\,\overline{B}C + A\,\overline{B}C + AB\overline{C} + ABC$$
$$= m_1 + m_5 + m_6 + m_7$$
$$= \overline{\overline{m_1} \cdot \overline{m_5} \cdot \overline{m_6} \cdot \overline{m_7}}$$

根据上式，只需在一片 74LS138 的输出端加一个与非门就可实现该逻辑函数，如图 4.9 所示。

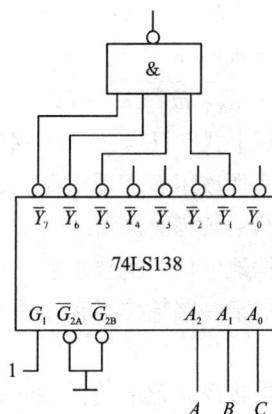

图 4.9 用译码器实现单输出逻辑函数

上述例子是用译码器和门电路实现单输出的组合逻辑电路,同样也可以实现多输出的组合逻辑电路。

例 4.4　某组合逻辑电路的功能表如表 4.7 所示,试用译码器和门电路设计该逻辑电路。

表 4.7　例 4.2 的功能表

输　　入			输　　出		
A	B	C	Y_1	Y_2	Y_3
0	0	0	0	0	1
0	0	1	1	0	1
0	1	0	1	1	0
0	1	1	0	1	0
1	0	0	0	1	1
1	0	1	1	0	0
1	1	0	1	0	1
1	1	1	0	1	0

解: 写出各输出的最小项表达式,再转换成与非 – 与非形式:

$$Y_1 = \overline{A}\,\overline{B}C + \overline{A}B\,\overline{C} + A\,\overline{B}C + AB\,\overline{C}$$
$$= m_1 + m_2 + m_5 + m_6$$
$$= \overline{\overline{m_1} \cdot \overline{m_2} \cdot \overline{m_5} \cdot \overline{m_6}}$$
$$Y_2 = \overline{A}B\,\overline{C} + \overline{A}BC + A\,\overline{B}\,\overline{C} + ABC$$
$$= m_2 + m_3 + m_4 + m_7$$
$$= \overline{\overline{m_2} \cdot \overline{m_3} \cdot \overline{m_4} \cdot \overline{m_7}}$$
$$Y_3 = \overline{A}\,\overline{B}\,\overline{C} + \overline{A}\,\overline{B}C + A\,\overline{B}\,\overline{C} + AB\,\overline{C}$$
$$= m_0 + m_1 + m_4 + m_6$$
$$= \overline{\overline{m_0} \cdot \overline{m_1} \cdot \overline{m_4} \cdot \overline{m_6}}$$

根据上式,只需在一片 74LS138 的输出端加三个与非门就可实现该组合逻辑电路,如图 4.10 所示。

3. 构成数据分配器

根据地址信号的要求将一路输入数据分配给多路数据输出中的某一路输出通道上去的逻辑电路称为数据分配器,又称多路分配器,如图 4.11 所示。

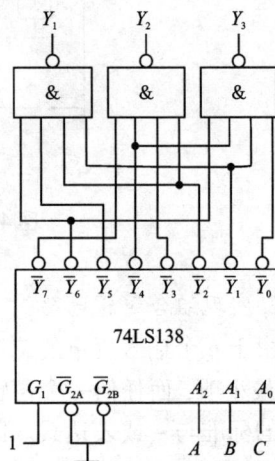

图 4.10　74LS138 实现多输出组合逻辑电路

如果将译码器的使能输入端作数据输入端,二进制代码输入端作地址信号输入端,则可将译码器变成数据分配器,图 4.12 就是用 3 线 – 8 线译码器 74LS138 做一个 8 路数据分配器使用。

如地址信号为 000,若 D 为 0,译码器工作,D_0 被译中输出低电平 0;反之,D 为 1,译码器被禁止,D_0 输出为高电平 1。即地址信号为 000 时,$D_0 = D$,数据送到 D_0 通道输出。

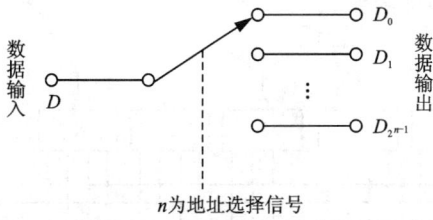

图 4.11 数据分配器示意图

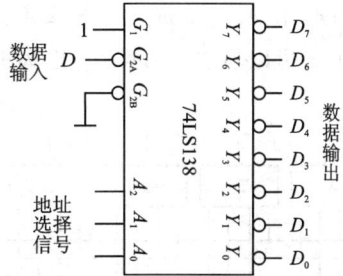

图 4.12 74LS138 做 8 路数据分配器

3.3 二 – 十进制译码器

人们一般不习惯直接识别二进制数, 可以用二 – 十进制译码器解决这个问题。将 10 组 4 位二 – 十进制代码按其原意翻译成 0~9 十个对应的输出信号的逻辑电路, 称为二 – 十进制译码器。表 4.8 就是二 – 十进制 74LS42 的功能表, 图 4.13 就是二 – 十进制 74LS42 的逻辑图。

表 4.8 74LS42 的功能表

序号		输 入				输 出								
		A_3	A_2	A_1	A_0	$\overline{Y_0}$	$\overline{Y_1}$	$\overline{Y_2}$	$\overline{Y_3}$	$\overline{Y_4}$	$\overline{Y_5}$	$\overline{Y_6}$	$\overline{Y_7}$	$\overline{Y_8}$	$\overline{Y_9}$
0		0	0	0	0	0	1	1	1	1	1	1	1	1	1
1		0	0	0	1	1	0	1	1	1	1	1	1	1	1
2		0	0	1	0	1	1	0	1	1	1	1	1	1	1
3		0	0	1	1	1	1	1	0	1	1	1	1	1	1
4		0	1	0	0	1	1	1	1	0	1	1	1	1	1
5		0	1	0	1	1	1	1	1	1	0	1	1	1	1
6		0	1	1	0	1	1	1	1	1	1	0	1	1	1
7		0	1	1	1	1	1	1	1	1	1	1	0	1	1
8		1	0	0	0	1	1	1	1	1	1	1	1	0	1
9		1	0	0	1	1	1	1	1	1	1	1	1	1	0
伪	10	1	0	1	0	1	1	1	1	1	1	1	1	1	1
	11	1	0	1	1	1	1	1	1	1	1	1	1	1	1
	12	1	1	0	0	1	1	1	1	1	1	1	1	1	1
	13	1	1	0	1	1	1	1	1	1	1	1	1	1	1
码	14	1	1	1	0	1	1	1	1	1	1	1	1	1	1
	15	1	1	1	1	1	1	1	1	1	1	1	1	1	1

由功能表和逻辑图都可以得到:

$$\overline{Y_0} = \overline{\overline{A_3}\,\overline{A_2}\,\overline{A_1}\,\overline{A_0}} = \overline{m_0} \qquad \overline{Y_1} = \overline{\overline{A_3}\,\overline{A_2}\,\overline{A_1}A_0} = \overline{m_1}$$

$$\overline{Y_2} = \overline{\overline{A_3}\,\overline{A_2}A_1\overline{A_0}} = \overline{m_2} \qquad \overline{Y_3} = \overline{\overline{A_3}\,\overline{A_2}A_1A_0} = \overline{m_3}$$

$$\overline{Y_4} = \overline{\overline{A_3}A_2\overline{A_1}\,\overline{A_0}} = \overline{m_4} \qquad \overline{Y_5} = \overline{\overline{A_3}A_2\overline{A_1}A_0} = \overline{m_5}$$

$$\overline{Y_6} = \overline{\overline{A_3}A_2A_1\overline{A_0}} = \overline{m_6} \qquad \overline{Y_7} = \overline{\overline{A_3}A_2A_1A_0} = \overline{m_7}$$

$$\overline{Y_8} = \overline{A_3 \, \overline{A}_2 \, \overline{A}_1 \, \overline{A}_0} = \overline{m_8} \qquad \overline{Y_9} = \overline{A_3 \, \overline{A}_2 \, \overline{A}_1 A_0} = \overline{m_9}$$

由上式可以看出 74LS42 输出为 10 个最小项的反函数。

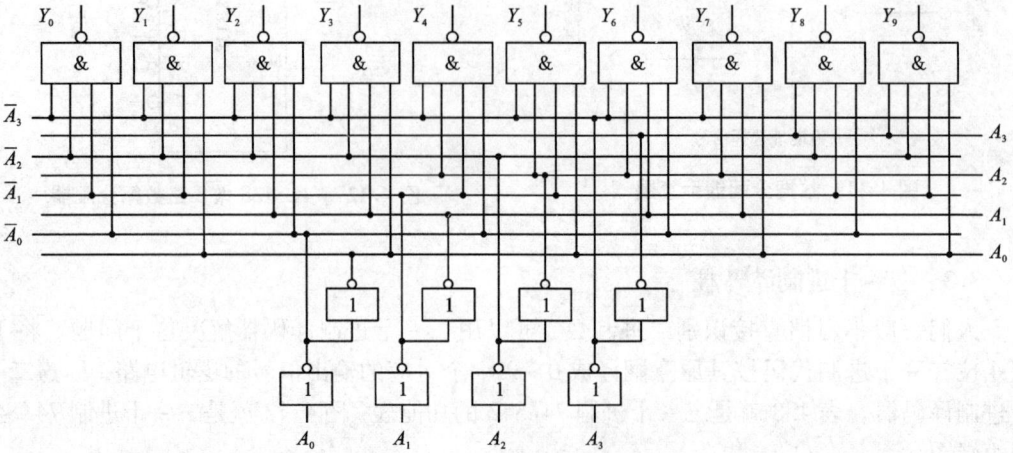

图 4.13　74LS42 的逻辑图

3.4　七段显示器和七段显示译码器

在许多的数字系统中常需要将数字量显示出来。数字显示电路通常由显示译码器、驱动器和显示器等部分组成。常用的数字显示器有多种类型，按显示方式分，有字型重叠式、点阵式、分段式等，按发光物质分，有半导体显示器，又称发光二极管（LED）显示器、荧光显示器、液晶显示器、气体放电管显示器等。

1. 七段式数字显示器

七段式数字显示器是一种应用很广泛的数码显示器，利用不同发光段组合显示 0 ~ 9 十个阿拉伯数字。发光段组合图如图 4.14 所示。

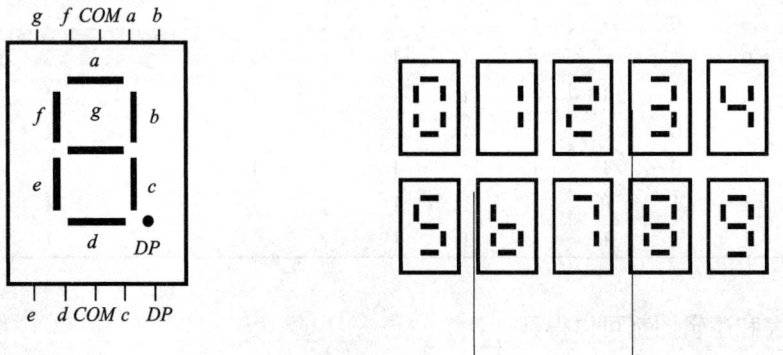

图 4.14　七段数字显示器发光段组合图

按内部连接方式不同，七段数字显示器分为共阴极和共阳极两种。如图 4.15 所示，其中 R 为限流电阻。这种显示器工作电压低为(1.5~3 V),体积小,寿命长,可靠性好,响应速度快,亮度高,颜色丰富(有红色、黄色、绿色等),但工作电流较大,一般为 10 mA 左右,为防止因电流过大而损坏,一般在电路中串入限流电阻。

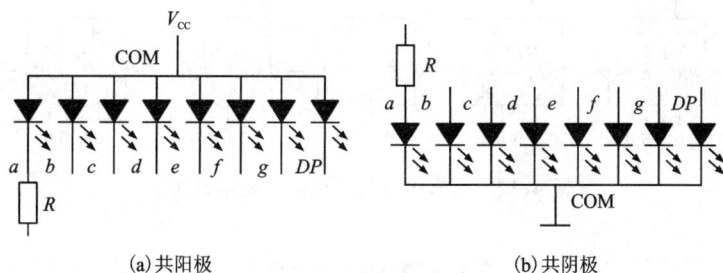

图 4.15 七段数字显示器内部连接方式

2. 七段显示译码器 74LS48

七段显示译码器 74LS48 输出高电平有效,因此只能与共阴极数字显示器配合使用,该集成电路还有多个辅助控制端,用以增强功能。其功能如表 4.9 所示,引脚示意图如图 4.16 所示。

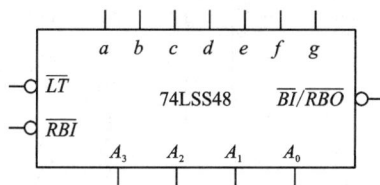

图 4.16 74LS48 引脚示意图

灯测试输入端 $\overline{LT}$:低电平有效,当 $\overline{LT}=0$ 时,无论输入为什么代码,输出全部为高电平,点亮七段数码管,便于检查数码管的好坏。

灭零输入 $\overline{RBI}$:低电平有效。作用是将不希望显示的零熄灭。如 00123.1100,将前后多余的零熄灭,只显示 123.11 就使显示的结果更醒目。当输入 BCD 代码为 0000,输出本应该显示 0 时,若 $\overline{RBI}=0$,就会使得应该显示的 0 熄灭。

灭零输入/灭零输出 $\overline{BI}/\overline{RBO}$:低电平有效。这是一个既作输入又作输出的特殊控制端。当做输入时,称为灭零输入端,只要 $\overline{BI}=0$,无论输入的代码是什么,输出都是 0,将被驱动的数码管熄灭。当做输出端时,称灭零输出端,受 $\overline{LT}$ 和 $\overline{RBI}$ 端控制。只有当输入 BCD 代码为 0000,同时 $\overline{RBI}=0$ 时,$\overline{RBO}=0$。即输出本应该显示 0,但由于灭零输入 $\overline{RBI}$ 的作用,使得应该显示的 0 熄灭的时候,才使 $\overline{RBO}$ 变为低电平。因此,$\overline{RBO}$ 输出为零用以指示该片译码器正处于灭零状态。

将 $\overline{BI}/\overline{RBO}$ 和 $\overline{RBI}$ 配合使用,可以实现多位数码显示时将多余的 0 进行灭零控制。例如用七位数码显示 12.5,如图 4.17 所示,就可以用这种灭零控制的连接方法。只需将整数部分高位片的 $\overline{RBO}$ 与低位片的 $\overline{RBI}$ 相连;小数部分,将低位片的 $\overline{RBO}$ 与高位片的 $\overline{RBI}$ 相连即可。

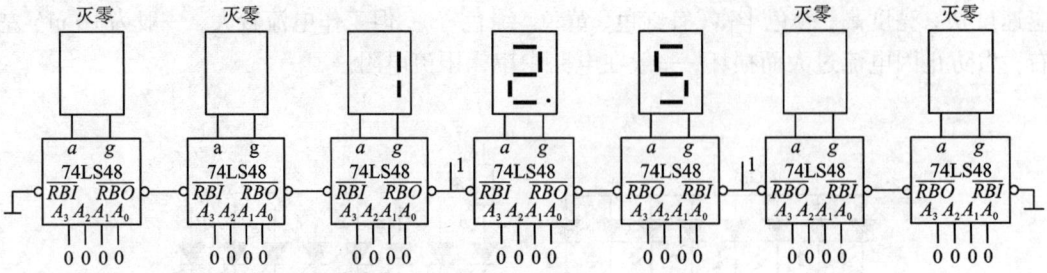

图 4.17　灭零控制的多位数码显示系统

表 4.9　74LS48 的功能表

功能	输入						输出							
	$\overline{LT}$	$\overline{RBI}$	A_3	A_2	A_1	A_0	$\overline{BI}/\overline{BRO}$	a	b	c	d	e	f	g
0	1	1	0	0	0	0	1	1	1	1	1	1	1	0
1	1	×	0	0	0	1	1	0	1	1	0	0	0	0
2	1	×	0	0	1	0	1	1	1	0	1	1	0	1
3	1	×	0	0	1	1	1	1	1	1	1	0	0	1
4	1	×	0	1	0	0	1	0	1	1	0	0	1	1
5	1	×	0	1	0	1	1	1	0	1	1	0	1	1
6	1	×	0	1	1	0	1	0	0	1	1	1	1	1
7	1	×	0	1	1	1	1	1	1	1	0	0	0	0
8	1	×	1	0	0	0	1	1	1	1	1	1	1	1
9	1	×	1	0	0	1	1	1	1	1	1	0	1	1
10	1	×	1	0	1	0	1	0	0	0	0	1	1	1
11	1	×	1	0	1	1	1	0	0	1	1	0	0	1
12	1	×	1	1	0	0	1	0	1	0	0	0	1	1
13	1	×	1	1	0	1	1	1	0	0	1	0	1	1
14	1	×	1	1	1	0	1	0	0	0	1	1	1	1
15	1	×	1	1	1	1	1	0	0	0	0	0	0	0
试灯	0	×	×	×	×	×	1	1	1	1	1	1	1	1
消隐	×	×	×	×	×	×	$0(\overline{BI})$	0	0	0	0	0	0	0
灭零	1	0	0	0	0	0	$0(\overline{RBO})$	0	0	0	0	0	0	0

4　数据选择器

数据选择器也称多路开关，它是实现从多路输入数据中选择其中一路作为输出功能的电路，刚好与数据分配器相反，如图 4.18 所示。通常用地址信号来实现选择数据输出的任务，如 4 选 1 的数据选择器，有 4 个输入数据需要 2 位地址信号，8 选 1 数据选择器则需要 3 位 n 位地址信号，可选择 2^n 个输入数据。

4.1　数据选择器定义

下面以四选一数据选择器来说明数据选择器的基本原理和功能。逻辑图如图 4.19 所

项目四　定时器 103

示,功能如表4.10所示。

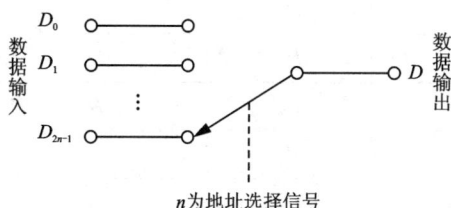

图 4.18　数据选择器示意图地址信号

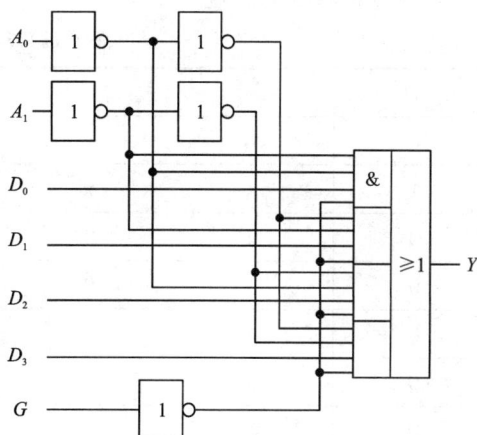

图 4.19　4 选 1 数据选择器逻辑图

4.2　集成数据选择器

集成数据选择器 74LS153(双 4 选 1 数据选择器),含有 2 个完全一样的 4 选 1 数据选择器,2 个数据选择器共用地址信号输入端,但数据输入和输出端是相互独立的。每个数据选择器的使能端也是独立的,如图 4.20 所示。

集成数据选择器 74LS151(8 选 1 数据选择器),含有 3 个地址信号输入端,可以选择 8 个数据输入信号;有 2 个互补输出端;1 个使能端。其功能如表 4.10 所示,引脚示意图如图 4.21 所示。

表 4.10　4 选 1 数据选择器功能表

输入							输出
$\overline{G}$	A_1	A_0	D_3	D_2	D_1	D_0	Y
1	×	×	×	×	×	×	0
0	0	0	×	×	×	0	0
			×	×	×	1	1
	0	1	×	×	0	×	0
			×	×	1	×	1
	1	0	×	0	×	×	0
			×	1	×	×	1
	1	1	0	×	×	×	0
			1	×	×	×	1

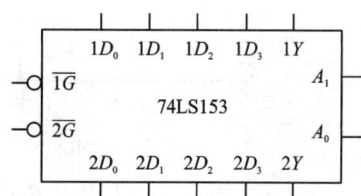

图 4.20　74LS153 引脚示意图

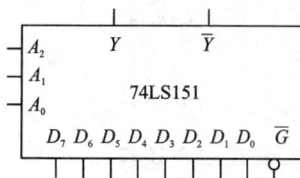

图 4.21　74LS151 引脚示意图

4.3 数据选择器的应用

1. 数据选择器的扩展

表 4.11 74LS151 的功能表

输入					输出
G	A_2	A_1	A_0	Y	$\overline{Y}$
1	×	×	×	0	1
0	0	0	0	D_0	$\overline{D_0}$
0	0	0	1	D_1	$\overline{D_1}$
0	0	1	0	D_2	$\overline{D_2}$
0	0	1	1	D_3	$\overline{D_3}$
0	1	0	0	D_4	$\overline{D_4}$
0	1	0	1	D_5	$\overline{D_5}$
0	1	1	0	D_6	$\overline{D_6}$
0	1	1	1	D_7	$\overline{D_7}$

前面所说的是 1 位数据选择器，如果需要多位数据选择器，可以用多片数据选择器并联，即相应的输入端和使能端连在一起。2 片 74LS151 组成 2 位 8 选 1 数据选择器，如图 4.22 所示。若将使能端也作为地址选择信号输入端，可以将 8 选 1 数据选择器扩展为 16 选 1 的数据选择器，如图 4.23 所示。当 $A_3 = 1$ 时，输入信号为 1000 ~ 1111，高位片工作，低位片禁止，数据选择器选择 D_8 ~ D_{15} 中的某一位；当 $A_3 = 0$ 时，输入信号为 0000 ~ 0111，低位片工作，高位片禁止，数据选择器选择 D_0 ~ D_7 中的某一位。

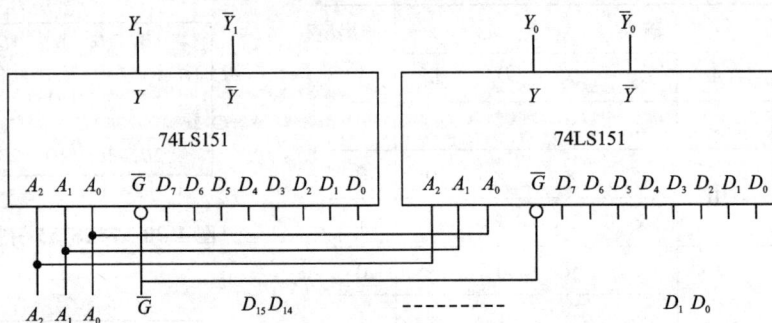

图 4.22 2 位 8 选 1 数据选择器

2. 实现组合逻辑函数

由上述分析我们知道，数据选择器输出 Y 的表达式：

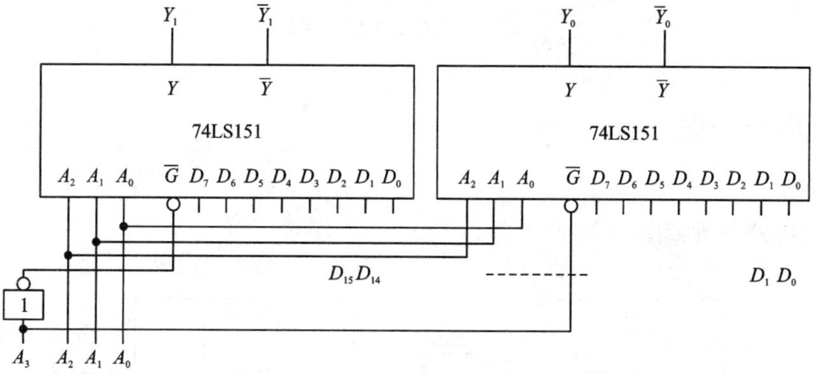

图 4.23　16 选 1 数据选择器

$$Y = \overline{A}_2\,\overline{A}_1\,\overline{A}_0 D_0 + \overline{A}_2\,\overline{A}_1 A_0 D_1 + \overline{A}_2 A_1\,\overline{A}_0 D_2 + \overline{A}_2 A_1 A_0 D_3 + A_2\,\overline{A}_1\,\overline{A}_0 D_4$$

$$+ A_2\,\overline{A}_1 A_0 D_5 + A_2 A_1\,\overline{A}_0 D_6 + A_2 A_1 A_0 D_7 = \sum_{i=0}^{7} m_i D_i$$

我们发现当 D_i 为 1 时，输入地址变量即最小项保留。D_i 为 0 时，相应最小项不存在。利用这个特点，可以方便地实现组合逻辑函数。当逻辑函数的变量个数和数据选择器的地址输入变量个数相同时，可直接用数据选择器来实现逻辑函数。

例 4.5　试用 8 选 1 数据选择器 74LS151 实现逻辑函数：$Y = AB + BC + AC$。

解：将逻辑函数转换成最小项表达式：

$$Y = \overline{A}BC + A\overline{B}C + AB\overline{C} + ABC$$

$$= m_3 + m_5 + m_6 + m_7$$

将不存在的最小项乘以 0，存在的最小项乘以 1，得到：

$$= m_0 \cdot 0 + m_1 \cdot 0 + m_2 \cdot 0 + m_3 \cdot 1 + m_4 \cdot 0 + m_5 \cdot 1 + m_6 \cdot 1 + m_7 \cdot 1$$

即：$D_0 = D_1 = D_2 = D_4 = 0$

$\qquad D_3 = D_5 = D_6 = D_7 = 1$

由此可以画出逻辑电路，如图 4.24 所示。

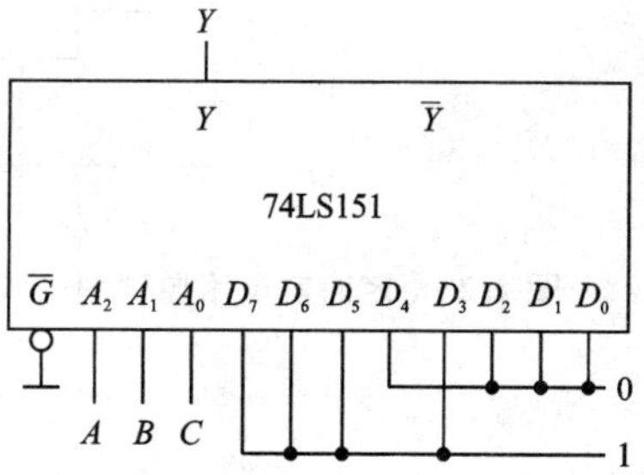

图 4.24　用 74LS151 实现逻辑函数的逻辑图

三、任务实现

1 电路与原理

（1）电路

定时器电路原理如图 4.25 所示。

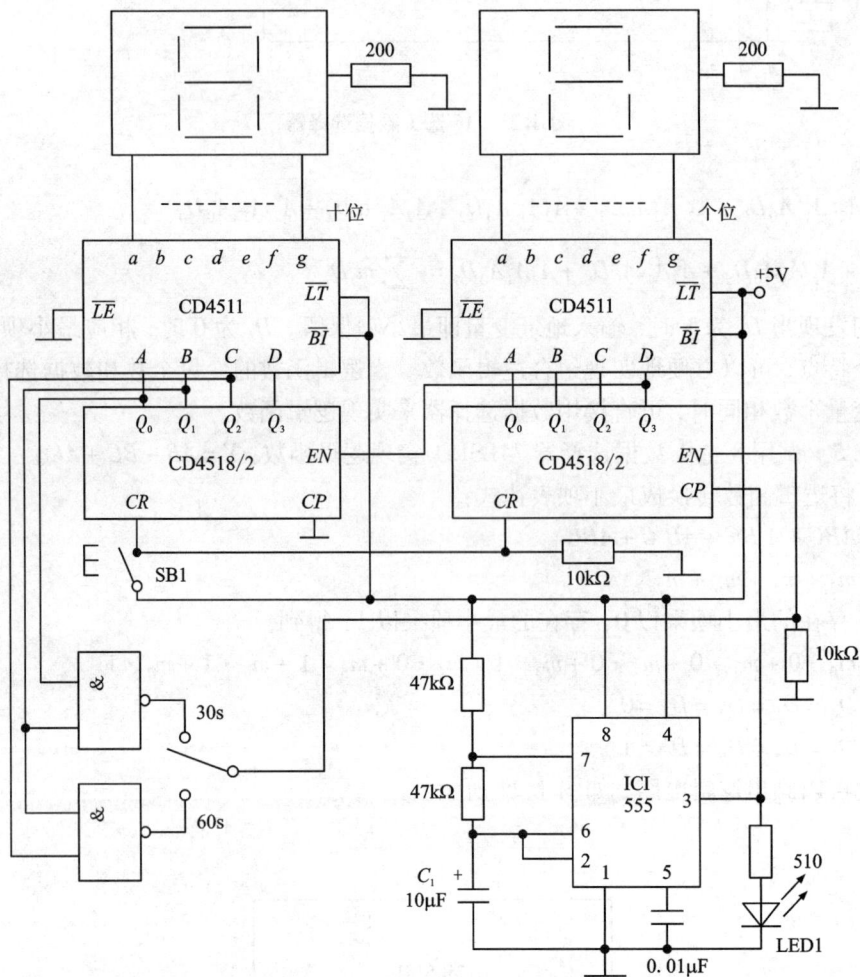

图 4.25 定时器电路原理图

（2）单元模块原理

①计数器 CD4518。

CD4518 是二、十进制（8421 编码）同步加计数器，内含两个单元的加计数器，其功能如真值表 4.12 所示。每单个单元有两个时钟输入端 *CLK* 和 *EN*，可用时钟脉冲的上升沿或下降沿触发。由表可知，若用 *ENABLE* 信号下降沿触发，触发信号由 *EN* 端输入，*CLK* 端置

"0"；若用 *CLOCK* 信号上升沿触发，触发信号由 *CLOCK* 端输入，*ENABLE* 端置"1"。*RESET* 端是清零端，*RESET* 端置"1"时，计数器各端输出端 *Q1 ~ Q4* 均为"0"，只有 *RESET* 端置"0"时，CD4518 才开始计数。

CD4518 采用并行进位方式，只要输入一个时钟脉冲，计数单元 *Q1* 翻转一次；当 *Q1* 为1，*Q4* 为 0 时，每输入一个时钟脉冲，计数单元 *Q2* 翻转一次；当 *Q1* = *Q2* = 1 时，每输入一个时钟脉冲 *Q3* 翻转一次；当 *Q1* = *Q2* = *Q3* = 1 或 *Q1* = *Q4* = 1 时，每输入一个时钟脉冲 *Q4* 翻转一次。这样从初始状态（"0"态）开始计数，每输入 10 个时钟脉冲，计数单元便自动恢复到"0"态。若将第一个加计数器的输出端 *Q4A* 作为第二个加计数器的输入端 *ENB* 的时钟脉冲信号，便可组成两位 8421 编码计数器，依次下去可以进行多位串行计数。

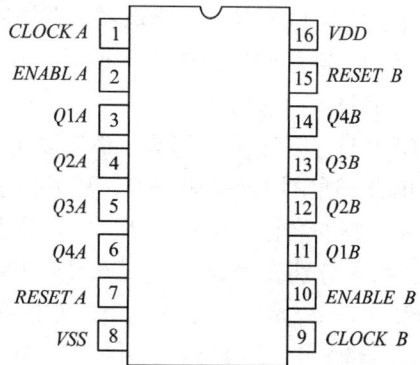

图 4.26 CD4518 引脚图

表 4.12 CD4518 引脚功能

引脚	符号	功能
1 9	*CLOCK*	时钟输入端
7 15	*RESET*	消除端
2 10	*ENABLE*	计数允许控制端
3 4 5 6	*Q1A – Q4A*	计数输出端
11 12 13 14	*Q1B – Q4B*	计数输出端
8	*VSS*	地
16	*VDD*	电源正

表 4.13 CD4518 真值表功能

CLOCK	*ENABLE*	*RESET*	*ACTION*
上升沿	1	0	加计数
0	下降沿	0	加计数
下降沿	X	0	不变
X	上升沿	0	不变
上升沿	0	0	不变
1	下降沿	0	不变
X	X	1	$Q0 ~ Q4 = 0$

②译码器 CD4511。

CD4511 是一个用于驱动共阴极 LED（数码管）显示器的 BCD 码 - 七段码译码器，其特点是：具有 BCD 转换、消隐和锁存控制、七段译码及驱动功能的 CMOS 电路能提供较大的电流，可直接驱动 LED 显示器。

CD4511 的引脚。

CD4511 具有锁存、译码、消隐功能，通常以反相器作输出级，通常用以驱动 LED。其引脚图如 4.27 所示。

各引脚的名称：其中 7、1、2、6 分别表示 A、B、C、D；5、4、3 分别表示 LE、BI、LT；13、12、11、10、9、15、14 分别表示 a、b、c、d、e、f、g。左边的引脚表示输入，右边表示输出，还有两个引脚 8、16 分别表示的是 VDD、VSS。

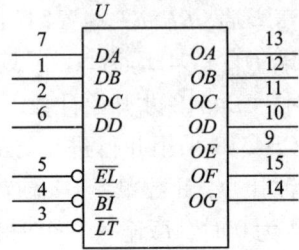

图 4.27　CD4511 引脚图

表 4.14　CD4511 真值表

输入							输出							
LE	BI	LI	D	C	B	A	a	b	c	d	e	f	g	显示
X	X	0	X	X	X	X	1	1	1	1	1	1	1	8
X	0	1	X	X	X	X	0	0	0	0	0	0	0	消隐
0	1	1	0	0	0	0	1	1	1	1	1	1	0	0
0	1	1	0	0	0	1	0	1	1	0	0	0	0	1
0	1	1	0	0	1	0	1	1	0	1	1	0	1	2
0	1	1	0	0	1	1	1	1	1	1	0	0	1	3
0	1	1	0	1	0	0	0	1	1	0	0	1	1	4
0	1	1	0	1	0	1	1	0	1	1	0	1	1	5
0	1	1	0	1	1	0	0	0	1	1	1	1	1	6
0	1	1	0	1	1	1	1	1	1	0	0	0	0	7
0	1	1	1	0	0	0	1	1	1	1	1	1	1	8
0	1	1	1	0	0	1	1	1	1	1	0	1	1	9
0	1	1	1	0	1	0	0	0	0	0	0	0	0	消隐
0	1	1	1	0	1	1	0	0	0	0	0	0	0	消隐
0	1	1	1	1	0	0	0	0	0	0	0	0	0	消隐
0	1	1	1	1	0	1	0	0	0	0	0	0	0	消隐
0	1	1	1	1	1	0	0	0	0	0	0	0	0	消隐
0	1	1	1	1	1	1	0	0	0	0	0		0	消隐
1	1	1	X	X	X	X	锁存							锁存

2　技能要求

（1）元器件检测。

本套元件是按所需元件的 120% 配置，请准确清点和检查全套装配材料数量和质量，进行元器件的识别和检测，筛选确定元器件。元件检测见表 4.15。

表 4.15　元件测试

元器件	识别和检测内容		
电阻 1 支	色环或数码	标称值（含误差）	
	黄紫黑红棕（五环）		
NE555 集成块	在右框中画出引脚排列图		
LED	万用表读数（含单位）	数字表　或　指针表	
		正测	
		反测	

（2）用示波器测试 NE555 输出波形，并列表记录波形幅度和周期，绘制波形。

（3）绘制装配图，根据装配图安装印制电路板。

印制电路板组件符合《IPC – A – 610D 印制板组件可接受性标准》的二级产品等级可接收条件。装配完成后，通电测试，利用提供的仪表测试本电路。

（4）完成下列工艺文件。

①列出元件清单；

②列出工具设备清单；

③画出电路装配图；

④简述电路装调的步骤。

3　素养要求

符合企业的 6S（整理、整顿、清扫、清洁、修养、安全）管理要求。能按要求进行仪器/工具的定置和归位，工作台面保持清洁，及时清扫废弃管脚及杂物等。能事前进行接地检查，具有安全用电意识。

符合电子产品生产企业的员工的基本素养要求，体现良好的工作习惯。如：尽量避免裸手接触可焊接表面；不可堆叠组件；电烙铁设置和接地检查，先无电或弱电检测（用电压表或万用表）再上电检测；电源或信号输出先检测无误再断电接上作品后再接上电；掌握好仪器的通或断电顺序；详细记录实验环境和数据等。

4 评分标准

任务的评分标准分职业素养与操作规范、作品两个方面，每个部分各占成绩的50%，职业素养与操作规范、作品两项均需合格，总成绩评定为合格。具体评分标准见表4.16所示。

表4.16 四路彩灯的组装与调试的评分标准

评价内容	分值	考核点	备注
职业素养与操作规范（50分）	5	正确着装与佩戴防护用具，做好工作前准备	出现明显失误造成元件或仪器、设备损坏等安全事故；严重违反纪律，造成恶劣影响的此项计0分
	5	采用正确方法选择电器元器件	
	10	合理选择设备或工具，对元件进行成型和插装	
	5	正确选择装配工具和材料，装配过程符合手工装配和焊接操作要求	
	15	合理选择仪器仪表，正确操作仪器设备对电路进行调试	
	5	按正确流程装调，并及时记录装调数据	
	5	任务完成，整齐摆放工具、凳子，整理工作台面等符合"6S"要求	
作品（50分）	工艺 20	电路板作品要求符合 IPC－A－610 标准中各项可接受条件的要求，即符合标准中的元件成型、插装、手工焊接等工艺要求的可接受最低条件 1.元器件选择正确 2.成型和插装符合工艺要求 3.元件引脚和焊盘浸润良好，无虚焊、空洞或堆焊现象 4.无短路现象	
	功能 20	电路通电正常工作，且各项功能完好，功能缺失按比例扣分	
	指标 10	测试参数正确，即各项技术参数指标测量值上下限不超过要求的10%	

小 结

常用的中规模组合逻辑器件包括编码器、译码器、数据选择器、数加法器、比较器等。由于这些逻辑电路使用频繁，便把它们制成标准化的中规模的集成电路。多数的集成电路中又增加了一些控制端，合理运用这些控制端扩展电路功能，使用更加灵活。

一位加法器能实现一位二进制代码的加法运算。有半加器和全加器之分。重点是理解全加器的概念，有了全加器我们就可以很方便地组成多位加法器。编码器能将输入的电平信号编成二进制代码。编码器的输入信号是相互排斥的，当两个同时编码输入信号同时进入时，编码器会产生混乱。优先编码器正是为解决这个问题而设计的。译码器的功能和编码器正好相反，它将输入的二进制代码译成相应的电平信号。二进制译码器每一个输出函数为一个最小项，所有输出为输入变量的全体最小项，因此，可以利用二进制译码器实现单输出或多输出的组合逻辑函数。我们常用的译码器还有显示译码器，如 BCD 七段译码器将输入的 BCD 码译成相应的七段代码，进而驱动数码显示器显示相应的数值。数据选择器实现从多路输入数据中选择其中一路作为输出的功能。由于它的输出是某一地址码与该地址码对应的输入数据的乘积，所以当该数据为 1 时，输出为地址码的一个最小项。因此，数据选择器便于实现多输入单输出的组合逻辑电路。数值比较器实现对两个数的比较，并判别其大小的逻辑电路，集成比较器具有三个级联输入端，可以很方便地实现扩展。

　　用上述集成电路芯片设计组合逻辑电路已很普遍。常用数据选择器设计多输入变量单输出的逻辑函数，用二进制译码器设计多输入变量多输出的逻辑函数。

习题四

　　4.1　什么是全加器？什么是半加器？它们有什么区别？

　　4.2　什么是优先编码器？它有什么特点？

　　4.3　二进制译码器如何实现多输出组合逻辑函数？

　　4.4　二进制译码器如何实现数据分配器？

　　4.5　数据选择器如何实现组合逻辑函数？

　　4.6　若用 32 选 1 数据选择器选择数据，设选择的输入数据为 D_{12}、D_{18}、D_{27}、D_{31}，试依次写出对应的地址码。

　　4.7　若在编码器中有 50 个编码对象，则要求输出二进制代码位数为多少位？

　　4.8　一个 16 选 1 的数据选择器，其地址输入端有多少个？

　　4.9　一个 8 选 1 数据选择器的数据输入端有多少个？

　　4.10　8 路数据分配器，其地址输入端有多少个？

　　4.11　半导体数码显示器的内部接法有哪两种形式？

　　4.12　对于共阳接法的发光二极管数码显示器，应采用什么电平驱动的七段显示译码器？

　　4.13　用 3 线－8 线译码器 74LS138 实现原码输出的 8 路数据分配器，3 个控制端有哪几种接法？

　　4.14　两片 74LS85 串联，构成 8 位比较器时，低位片中的 $I_{A>B}$、$I_{A<B}$、$I_{A=B}$ 如何连接。

　　4.15　试用 3 线－8 线译码器 74LS138 和适当的门电路实现下列逻辑函数。

$(1) Y = A\,\overline{B} + A\overline{C} + \overline{A}\,\overline{B}C$

$(2) Y = A\,\overline{B}C + \overline{A}(B + C)$

$(3) Y(A, B, C) = \sum m(0, 1, 3, 4, 5, 7)$

$(4) Y = (A + \overline{B} + C)(A + B)$

　　4.16　试用 8 选 1 数据选择器 74LS151 和适当的门电路实现下列逻辑函数。

$(1) Y = (A + B)(\overline{A} + \overline{B} + C)$

$(2) Y = A\,\overline{B}\,\overline{C} + \overline{A}BC\,\overline{D} + \overline{B}CD$

$(3) Y(A, B, C, D) = \sum m(0, 1, 3, 4, 5, 7, 13, 15)$

项目五 AD 转换与显示器

一、任务描述

某企业承接了一批 AD 转换与显示电路的组装调试任务，请按照相应企业生产标准完成该产品的组装与调试，实现该产品的基本功能，满足相应的技术指标，并正确填写相关技术文件或测试报告。为很好地完成任务，认识表决器的结构和原理，必须先学习以下相关知识。

二、知识准备

1 数模转换器（DAC）

1.1 数模转换器的基本原理

数字量是用代码按数位组合起来表示的，对于有权码，每位代码都有一定的权。为了将数字量转换成模拟量，必须将每 1 位的代码按其权的大小转换成相应的模拟量，然后将这些模拟量相加，即可得到与数字量成正比的总模拟量，从而实现了数字 - 模拟转换。这就是构成 D/A 转换器的基本思路。

图 5.1 所示是 D/A 转换器的输入、输出关系框图，$D_0 \sim D_{n-1}$ 是输入的 n 位二进制数，v_o 是与输入二进制数成比例的输出电压。

图 5.2 所示是一个输入为 3 位二进制数时 D/A 转换器的转换特性，它具体而形象地反映了 D/A 转换器的基本功能。

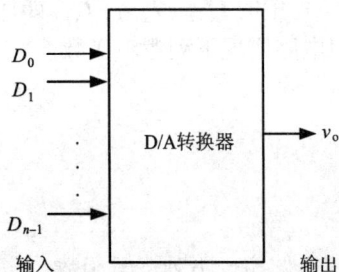

图 5.1 D/A 转换器的输入、输出关系框图

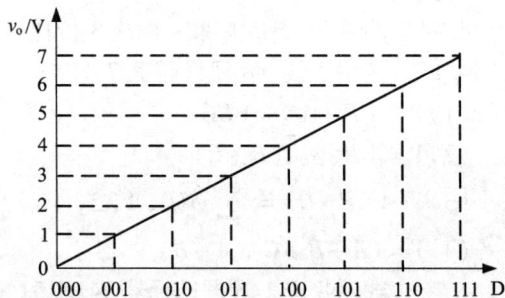

图 5.2 3 位 D/A 转换器的转换特性

1.2　D/A 转换器的构成

D/A 转换器按电阻网络的结构不同可分为：权电阻网络 D/A 转换、T 形电阻网络 D/A 转换和倒 T 形转换。

按电子开关的形式不同可分为：CMOS 开关转换器和双极型开关转换器。

（1）权电阻网络

由权电阻网络、模拟开关和运算放大器组成。V_{ref} 为基准电压。电阻网络的各电阻的值呈二进制权的关系，并与输入二进制数字量对应的位权成比例关系。

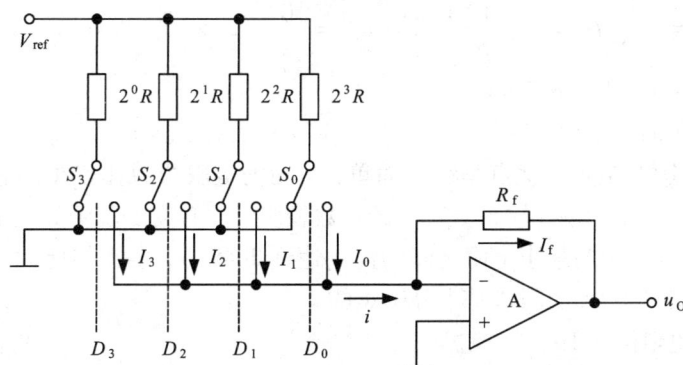

图 5.3　权电阻网络 D/A 转换器原理图

最低位对应的电阻最大，为 2^3R，然后依次减半，最告位对应的电阻值最小，为 2^0R。权电阻网络中的每个电阻的一端都接基准电压源 V_{ref}，另一端则分别和相应的电子开关相连，

输入数字量 D_3、D_2、D_1 和 D_0 分别控制模拟电子开关 S_3、S_2、S_1 和 S_0 的工作状态。当 D_i 为"1"时，开关 S_i 接通参考电压 V_{ref}；当 D_i 为"0"时，开关 S_i 接地。这样流过所有电阻的电流之和 I 就与输入的数字量成正比。求和运算放大器总的输入电流为：

$$i = I_0 + I_1 + I_2 + I_3$$

$$= \frac{V_{ref}}{2^3R}D_0 + \frac{V_{ref}}{2^2R}D_1 + \frac{V_{ref}}{2^1R}D_2 + \frac{V_{ref}}{2^0R}D_3$$

$$= \frac{V_{ref}}{2^3R}(2^0D_0 + 2^1D_1 + 2^2D_2 + 2^3D_3)$$

$$= \frac{V_{ref}}{2^3R} \sum_{i=0}^{3} 2^iD_i$$

若运算放大器的反馈电阻 $R_f = R/2$，由于运放的输入电阻无穷大，所以 $I_f = i$，则运放的输出电压为

$$u_0 = -I_fR_f = -\frac{R}{2} \times \frac{V_{ref}}{2^3R} \sum_{i=0}^{n-1} 2^iD_i = -\frac{V_{ref}}{2^4} \sum_{i=0}^{3} 2^iD_i$$

对于 n 位的权电阻 D/A 转换器，其输出电压为

$$u_0 = -\frac{V_{ref}}{2^n} \sum_{i=0}^{n-1} 2^iD_i$$

二进制权电阻 D/A 转换器的模拟输出电压与输入的数字量成正比关系。当输入数字量全为 0 时，DAC 输出电压为 0 V；当输入数字量全为 1 时，DAC 输出电压为

$$- V_{\text{ref}}\left(1 - \frac{1}{2^n}\right)$$

例 5.1　一个六位 DAC，若 $V_{\text{ref}} = - 10$ V，$R_f = R/2$，$n = 6$，求：

①当 LSB 自 0 变为 1 时，输出电压的变化；

②当 $D = 110101$ 时，$VO = ?$

③当 $D = 111111$ 时，$Vm = ?$

解： ①　$V_0 = -\dfrac{V_{\text{ref}}}{2^n} D^n = -\dfrac{-10\ V}{2^6}(2^0 \times d_0) = \dfrac{10\ V}{2^6}(2^0 \times 1) = 0.16\ \text{V} = V_{\text{LSB}}$

②$D = 110101$ 时，$V_0 = 8.28$ V

③$D = 111111$ 时，$V_0 = 9.84$ V

权电阻网络 DAC 电路的优点是结构简单，所用的电阻个数比较少。它的缺点是电阻的取值范围太大，这个问题在输入数字量的位数较多时尤其突出。例如当输入数字量的位数为 12 位时，最大电阻与最小电阻之间的比例达到 2048∶1，要在如此大的范围内保证电阻的精度，对于集成 DAC 的制造是十分困难的。

(2)倒 T 形电阻网络 D/A 转换器

在单片集成 D/A 转换器中，使用最多的是倒 T 形电阻网络 D/A 转换器。

四位倒 T 形电阻网络 D/A 转换器的原理图如图 5.4 所示。

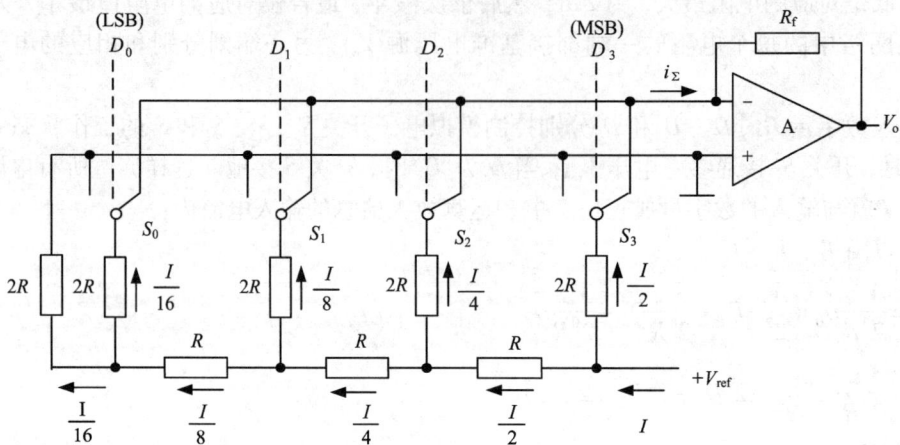

图 5.4　倒 T 形电阻网络 D/A 转换器原理图

$S_0 \sim S_3$ 为模拟开关，$R - 2R$ 电阻解码网络呈倒 T 形，运算放大器 A 构成求和电路。S_i 由输入数码 D_i 控制，当 $D_i = 1$ 时，S_i 接运放反相输入端（"虚地"），I_i 流入求和电路；当 $D_i = 0$ 时，S_i 将电阻 $2R$ 接地。无论模拟开关 S_i 处于何种位置，与 S_i 相连的 $2R$ 电阻均等效接"地"（地或虚地）。这样流经 $2R$ 电阻的电流与开关位置无关，为确定值。分析 $R - 2R$ 电阻解码网络不难发现，从每个接点向左看的二端网络等效电阻均为 R，流入每个 $2R$ 电阻的电流从高位到低位按 2 的整倍数递减。设由基准电压源提供的总电流为 $I(I = V_{\text{ref}}/R)$，则流

过各开关支路(从右到左)的电流分别为 $I/2$、$I/4$、$I/8$ 和 $I/16$。

于是可得总电流

$$i_{\Sigma} = \frac{V_{\text{ref}}}{R}\left(\frac{D_0}{2^4} + \frac{D_1}{2^3} + \frac{D_2}{2^2} + \frac{D_3}{2^1}\right) = \frac{V_{\text{ref}}}{2^4 \times R} \sum_{i=0}^{3}(D_i \cdot 2^i) \qquad (5.1.1)$$

输出电压

$$v_O = -i_{\Sigma}R_f = -\frac{R_f}{R} \cdot \frac{V_{\text{ref}}}{2^4} \sum_{i=0}^{3}(D_i \cdot 2^i) \qquad (5.1.2)$$

将输入数字量扩展到 n 位,可得 n 位倒 T 形电阻网络 D/A 转换器输出模拟量与输入数字量之间的一般关系式如下:

$$v_O = -\frac{R_f}{R} \cdot \frac{V_{\text{ref}}}{2^n}\left[\sum_{i=0}^{n-1}(D_i \cdot 2^i)\right]$$

设 $K = \dfrac{R_f}{R} \cdot \dfrac{V_{\text{ref}}}{2^n}$,$N_B$ 表示括号中的 n 位二进制数,则

$$v_O = -KN_B$$

要使 D/A 转换器具有较高的精度,对电路中的参数有以下要求:

(1)基准电压稳定性好。

(2)倒 T 形电阻网络中 R 和 $2R$ 电阻的比值精度要高。

(3)每个模拟开关的开关电压降要相等。为实现电流从高位到低位按 2 的整倍数递减,模拟开关的导通电阻也相应地按 2 的整倍数递增。

由于在倒 T 形电阻网络 D/A 转换器中,各支路电流直接流入运算放大器的输入端,它们之间不存在传输上的时间差。电路的这一特点不仅提高了转换速度,而且也减少了动态过程中输出端可能出现的尖脉冲。它是目前广泛使用的 D/A 转换器中速度较快的一种。常用的 CMOS 开关倒 T 形电阻网络 D/A 转换器的集成电路有 AD7520(10 位)、DAC1210(12 位)和 AK7546(16 位高精度)等。

1.3 DAC 的主要性能指标

(1)转换精度

D/A 转换器的转换精度通常用分辨率和转换误差来描述。

①分辨率——指 D/A 转换器的模拟输出所能产生的最小电压变化量与满刻度输出电压之比。

最小输出电压变化量就是指对应于输入数字量最低位(LSB)为 1,其余各位为 0 时的输出电压,记为 U_{LSB},满刻度输出电压就是对应于输入数字量的各位全为 1 时的输出电压,记为 U_{FSR},对于一个 n 位的 D/A 转换器,分辨率可表示为:分辨率 $= U_{\text{FSR}}/U_{\text{LSB}} = 1/(2^n - 1)$。

分辨率与 D/A 转换器的位数有关,位数越多,能够分辨的最小输出电压变化量就越小。但分辨率是一个设计参数,不是测试参数。

②转换误差

转换误差的来源很多,是一个综合指标,包括零点误差、增益误差等,它不仅与 D/A 转换器的元件参数的精度有关,而且还与环境温度、求和运算放大器的温度漂移以及转换器的位数有关。

转换误差是指 D/A 转换器实际输出的模拟电压与理论输出模拟电压的最大误差。所以，要获得较高精度的 D/A 转换结果，除了正确选用 D/A 转换器的位数外，还要选用低漂移高精度的求和运算放大器。通常要求 D/A 转换器的误差小于 $ULSB/2$。

例如，一个 8 位的 D/A 转换器，对应最大数字量（FFH）的模拟理论输出值为 $\dfrac{255}{256}V_{\text{ref}}$，

$\dfrac{1}{2}LSB = \dfrac{1}{512}V_{\text{ref}}$，所以实际值不应超过 $(\dfrac{255}{256} \pm \dfrac{1}{512})V_{\text{ref}} \pm$。

（2）转换时间

转换时间是指 D/A 转换器在输入数字信号开始转换，到输出的模拟电压达到稳定值所需的时间。它是反映 D/A 转换器工作速度的指标。转换时间越小，工作速度就越高。

1.4　集成 D/A 转换器及其应用

集成 D/A 转换器品种繁多。如果从内部结构上看，有只包括电阻解码网络和电子模拟开关的基本 D/A 转换器，也有在内部电路中增加了数据锁存器、寄存器的带有使能控制端的 D/A 转换器，还有将基准电压源、求和运放等均集成在芯片上的完整的 D/A 转换器。如果从使用的角度看，D/A 转换器可分两大类：一类在电子电路中使用，不带使能控制端，只有数字信号输入和模拟信号输出；另一类为微机应用而设计，带有使能控制端，可直接与微机及单片机接口。

D/A 转换器在实际电路中应用很广，它不仅常作为接口电路用于微机系统，而且还可利用其电路结构特征和输入、输出电量之间的关系构成数控电流源、电压源、数字式可编程增益控制电路和波形产生电路等。

1. DAC0832 简介

DAC0832 是由美国国家半导体公司（NSC）生产的 8 位 D/A 转换器，芯片内采用 CMOS 工艺。该器件可以直接与 Z80、8051、8085 等微处理器接口相连，是目前微机控制系统中常用的 D/A 转换芯片。其结构框图和管脚排列图如图 5.5 所示。DAC0832 由八位输入锁存器、八位 DAC 锁存器和八位 D/A 转换器三大部分组成。它有两个分别控制的数据寄存器，可以实现两次缓冲，所以使用时有较大的灵活性，可根据需要接成不同的工作方式。DAC0832 中采用的是倒 T 形 $R-2R$ 电阻网络，无运算放大器，是电流输出，使用时需外接运算放大器。芯片中已经设置了 R_{fb}，只要将 9 号管脚接到运算放大器输出端即可。但若运算放大器增益不够，还需外接反馈电阻。

它是由倒 T 形 $R-2R$ 电阻网络、模拟开关、运算放大器和参考电压 V_{ref} 四部分组成。

DAC0832 的引脚功能说明如下：

$DI_0 \sim DI_7$：数字信号输入端；

ILE：输入寄存器允许，高电平有效；

$\overline{CS}$：片选信号，低电平有效；

$\overline{WR_1}$：输入锁存器的写信号，低电平有效；

$\overline{XFER}$：传送控制信号，低电平有效；

$\overline{WR_2}$：D/A 锁存器的写信号，低电平有效；

I_{OUT1}，I_{OUT2}：DAC 电流输出端；

R_{fb}：反馈电阻，是集成在片内的外接运放的反馈电阻；

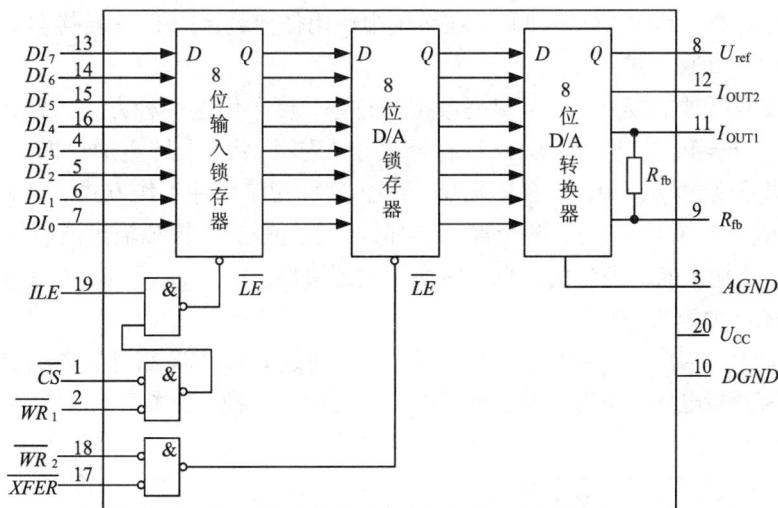

图 5.5 DAC0832 结构框图和管脚排列图

V_{ref}：基准电压($-10 \sim +10$)V；

V_{CC}：电源电压($+5 \sim +15$)V；

AGND：模拟地可接在一起使用；

NGND：数字地；

DAC0832 输出的是电流，要转换为电压，还必须经过一个外接的运算放大器。

(1)控制信号：

CS、ILE、WR_1 这三个信号在一起配合使用，用于控制对输入锁存器的操作。只有当 CS、ILE、WR_1 同时有效时，输入的数字量才能写入输入锁存器，并在 WR_1 的上升沿实现数据锁存。

$XFER$、WR_2 这两个信号在一起配合使用，用于控制对 D/A 锁存器的操作。只有当 $XFER$、WR_2 同时有效时，输入锁存器的数字量才能写入到 D/A 锁存器，各个 D/A 转换器同时转换，同时给出模拟输出。

(2)输入数字量：

$DI_0 \sim DI_7$ 是 8 位数字量输入(自然二进制码)，其中，DI_0 为最低位，DI_7 为最高位。

(3)输出模拟量：

I_{OUT1} 是 DAC 输出电流 1。当 D/A 锁存储器中的数据全为 1 时，I_{OUT1} 最大(满量程输出)；当 D/A 锁存储器中的数据全为 0 时，$I_{\text{OUT1}} = 0$。

I_{OUT2} 是 DAC 输出电流 2。I_{OUT2} 为一常数(满量程输出电流)与 I_{OUT1} 之差，即 $I_{\text{OUT1}} + I_{\text{OUT2}}$ =满量程输出电流。

(4)工作方式

①双缓冲方式

DAC0832 包含两个数字寄存器——输入锁存器和 8 位 D/A 锁存器，因此称为双缓冲。这是不同于其他 D/A 转换器的显著特点，即数据在进入倒梯形电阻网络之前，必须经过两个独立控制的寄存器。这对使用者是有利的。首先，在一个系统中，任何一个 DAC 都可以同时保留两组数据；其次，双缓冲允许在系统中使用任何数目的 D/A 转换器。

②单缓冲与直通方式

在不需要双缓冲的场合，为了提高数据通过率，可采用这两种方式。例如，$CS = WR_2 = XFER = 0$，$ILE = 1$，这样 8 位 D/A 锁存器处于"透明"状态，即直通。$WR_1 = 1$，数据锁存，模拟输出不变，$WR_1 = 0$ 时，模拟输出更新。这称为单缓冲工作方式。又如，$CS = WR_2 = XFER = WR_1 = 0$，$ILE = 1$ 时，两个寄存器都处于直通状态，模拟输出能够快速反应输入数码的变化，使输入的二进制信息直接转换为模拟输出。

2. DAC0832 的应用

两片 74LS161 构成了一个 8 位二进制计数器，通过 DAC0832 将计数器输出的 8 位二进制信息转换为模拟电压，完成了数字量和模拟量之间的转换，如图 5.6 所示。

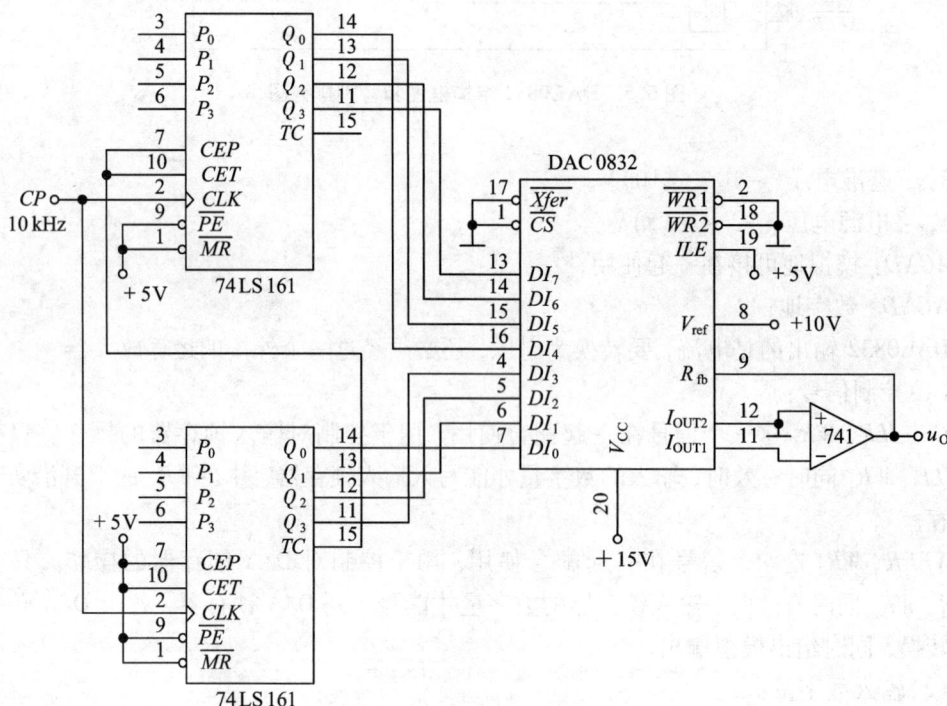

图 5.6　DAC0832 应用电路

DAC0832 在很多应用系统中用来作电压波形发生器，图 5.7 为一种双极性电压波形发生器的电路图，与 D/A 转换器无关的部分未画。

DAC0832 输入数据采用单缓冲方式：$\overline{WR_1}$ 和 $\overline{XFER}$ 控制线与 $\overline{DGND}$ 一起接地，使第二级输入 DAC 寄存器处于常通状态。$\overline{WR_1}$ 与 89C51 的 $\overline{WR}$ 连在一起，$\overline{CS}$ 接 P2.6，当 P2.6 = 0 时，选通输入寄存器，由于 DAC 寄存器始终处于常通状态，数字量可直接通过 DAC 寄存器，并由 D/A 转换器转换成输出电压。

D/A 转换器接口方式如下：

在单极性输出运算放大器 A_1 后面加一级运算放大器 A_2，形成比例求和电路，通过电平移动, 使单极性输出变为双极性输出。在图 5.7 同一硬件电路支持下, 只要编写不同的程序便可产生不同波形的模拟电压。

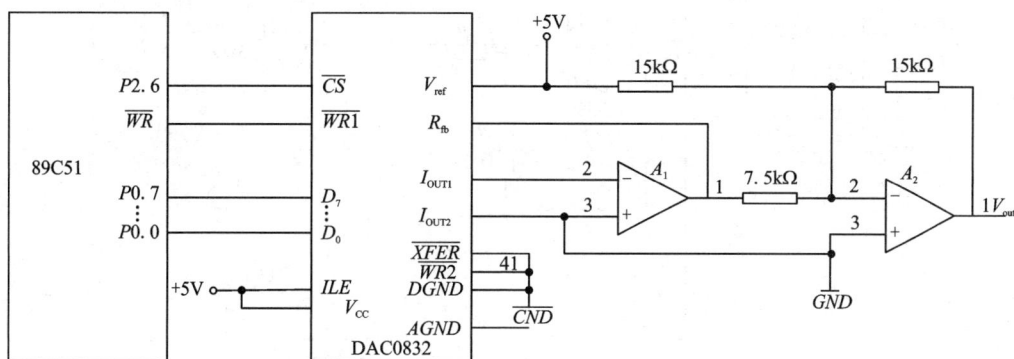

图 5.7　电压波形发生器硬件电路

3. 可编程双路 12 位 D/A 转换器在工业仪表中的应用

随着工业自动化程度的不断提高, 在工业中使用的仪表日趋智能化、多功能化、小型化, 其硬件电路设计大多采用单片机微处理器为核心, 再配以外围电路构成。由于部分仪表需要把现场的模拟信号转换成单片机能够处理的数字信号输入, 再把单片机经数据处理后得到的数字信号转换成模拟信号输出, 因此, 这些仪表的硬件电路设计需要同时具有模数(A/D)转换和数模(D/A)转换两种功能。

在同时需要 D/A 和 A/D 转换功能的仪表中, 可以用一片 A/D 转换器和一片 D/A 转换器来分别实现 A/D 和 D/A 转换功能, 但由于 A/D 和 D/A 转换器芯片的价格都较高, 仪表的成本也将较高。在某工业仪表设计中采用可编程双通道 D/A 转换器 TLC5618 的一个通道实现 D/A 转换的同时, 用它的另一个通道通过软件编程以逐次比较方式来实现 A/D 功能。该应用方法具有以下特点: ①节省一片 A/D 转换器, 降低了仪表成本。②TLC5618 体积小(8 引脚的小型 D 封装), 便于小型化设计, 减少了印刷线路板面积。③TLC5618 采用 3 线串行数据输入方式, 占用 CPU 的 I/O 口线少, 硬件搭接简单, 外围器件少, 软件编程方便。④对于标准信号 1~5 V 信号 TLC5618 的分辨率至少可达到 1.3 mV, 完全可满足工业过程控制精度要求。⑤通过软件编程以逐次比较方式来实现 A/D 转换建立时间约为 400 μs。

TLC5618 应用实例:

下面具体介绍采用一片可编程双通道 D/A 转换器 TLC5618 的一个通道实现 D/A 转换的同时, 用它的另一个通道通过软件编程以逐次比较方式来实现 A/D 转换功能的实际应用方法。其硬件设计如图 5.8 所示。

TLC5618 是带有缓冲基准输入(高阻抗)的双路 12 位电压输出数字模拟转换器(DAC), 8 引脚的小型 D 封装, 需 +5 V 单电源工作, 其输出电压范围为基准电压的两倍, 因此, 电路设计采用了 1.2 V 基准电压(如 LM385)。通过 CMOS 兼容的 3 线串行总线单片机可以对 TLC5618 实现数字控制, 器件接收用于编程的 16 位输入字产生模拟输出。16 位输入字的高 4 位为编程控制位, 通过对编程控制位的设定, 可以有三种不同的输出方式, 低 12 位为被转换的数字量。数据从串行数据输入端 DIN 按从高位到低位的顺序依次输

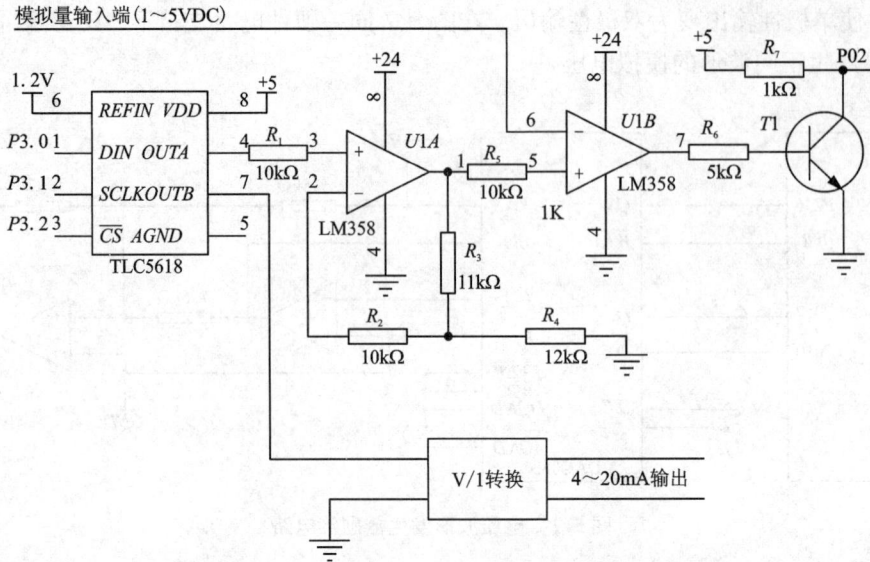

图 5.8　采用一片 TLC5618 实现 A/D 转换和 D/A 转换的应用电路

入，单片机串行通讯可工作在操作模式 0 下，串行口作同步移位寄存器用或采用其他 I/O 口模拟串行口方式实现数字控制。这里值得注意的是单片机工作在操作模式 0 下时，串行口发送或接收的是 8 位数据，且低位在前，与 TLC5618 的数据接收时序相反。因此单片机应先将数据进行高低位交换后再进行数据发送。另外，本电路仅具有一个模拟量输入信号，如需有多个模拟量输入信号，可不必加模拟开关，只需增加比较电路即可，多个模拟量输入信号均可与 D/A 转换器经一级放大电路的输出信号比较，并通过相应的 A/D 转换子程序实现 A/D 转换。在工业仪表日益向多功能化、智能化、小型化发展的今天，双通道 D/A 转换器 TLC5618 以其优势的性能越来越受青睐。该电路应用充分发挥了 TLC5618 性能特点，大大降低了硬件成本，提高了产品的性能价格比。可编程双通道 D/A 转换器 TLC5618 是一种值得广泛推广应用的产品。

2　模数转换器（ADC）

2.1　模数转换器的基本原理

A/D 转换器（ADC）是一种将输入的模拟量转换为数字量的转换器。要实现将连续变化的模拟量变为离散的数字量，通常要经过 4 个步骤：采样、保持、量化和编码。一般前两步由采样保持电路完成，量化和编码由 ADC 来完成，如图 5.9 所示。

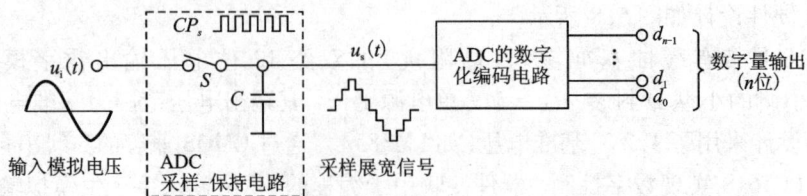

图 5.9　A/D 转换器的工作原理

1. 采样 – 保持

采样是在时间上连续变化的信号中选出可供转换成数字量的有限个点。根据采样定理,只要采样频率大于二倍的模拟信号频谱中的最高频率,就不会丢失模拟信号所携带的信息。这样就把一个在时间上连续变化的模拟量变成了在时间上离散的电信号。ADC 把取样信号转换成数字信号需要一定的时间,需要将这个断续的脉冲信号保持一定时间以便进行转换。如图 5.10 所示是一种常见的采样保持电路,它由取样开关、保持电容和缓冲放大器组成。

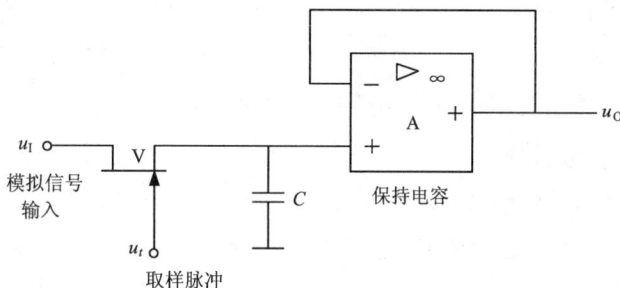

图 5.10　采样保持电路原理

u_t 有效期间, 开关管 V 导通, u_I 向 C 充电, $u_O(= u_C)$ 跟随 u_I 的变化而变化; u_t 无效期间, 开关管 V 截止, $u_O(= u_C)$ 保持不变, 直到下次采样。(由于集成运放 A 具有很高的输入阻抗, 在保持阶段, 电容 C 上所存电荷不易泄放。)

2. 量化和编码

数字信号不仅在时间上是离散的,而且在数值上的变化也不是连续的。这就是说,任何一个数字量的大小,都是以某个最小数量单位的整倍数来表示的。因此,在用数字量表示取样电压时,也必须把它化成这个最小数量单位的整倍数,这个转化过程就叫做量化。所规定的最小数量单位叫做量化单位,用 Δ 表示。显然,数字信号最低有效位中的 1 表示的数量大小,就等于 Δ。把量化的数值用二进制代码表示,称为编码。这个二进制代码就是 A/D 转换的输出信号。

既然模拟电压是连续的,那么它就不一定能被 Δ 整除,因而不可避免地会引入误差,我们把这种误差称为量化误差。在把模拟信号划分为不同的量化等级时,用不同的划分方法可以得到不同的量化误差。

假定需要把 0 ~ +1 V 的模拟电压信号转换成 3 位二进制代码,这时便可以取 Δ = $(1/8)$V,并规定凡数值在 0 ~ $(1/8)$V 之间的模拟电压都当做 $0 \times \Delta$ 看待,用二进制的 000 表示;凡数值在 $(1/8)$V ~ $(2/8)$V 之间的模拟电压都当做 $1 \times \Delta$ 看待,用二进制的 001 表示,……如图 5.11 所示。不难看出,最大的量化误差可达 Δ,即 $(1/8)$V。

为了减少量化误差,通常采用图 5.2.3(b)所示的划分方法,取量化单位 Δ = $(2/15)$V,并将 000 代码所对应的模拟电压规定为 0 ~ $(1/15)$V,即 0 ~ Δ/2。这时,最大量化误差将减少为 Δ/2 = $(1/15)$V。这个道理不难理解,因为现在把每个二进制代码所代表的模拟电压值规定为它所对应的模拟电压范围的中点,所以最大的量化误差自然就缩小为 Δ/2 了。

模拟电平　二进制代码　代表的模拟电平　　　　模拟电平　二进制代码　代表的模拟电平

1V —	111	$7\Delta = (7/8)V$		1V —	111	$7\Delta = (14/15)V$
7/8 —	110	$6\Delta = 6/8$		13/15 —	110	$6\Delta = 12/15$
6/8 —	101	$5\Delta = 5/8$		11/15 —	101	$5\Delta = 10/15$
5/8 —	100	$4\Delta = 4/8$		9/15 —	100	$4\Delta = 8/15$
4/8 —	011	$3\Delta = 3/8$		7/15 —	011	$3\Delta = 6/15$
3/8 —	010	$2\Delta = 2/8$		5/15 —	010	$2\Delta = 4/15$
2/8 —	001	$1\Delta = 1/8$		3/15 —	001	$1\Delta = 2/15$
1/8 —	000	$0\Delta = 0$		1/15 —	000	$0\Delta = 0$
0 —				0 —		

（a）　　　　　　　　　　　　　　　　（b）

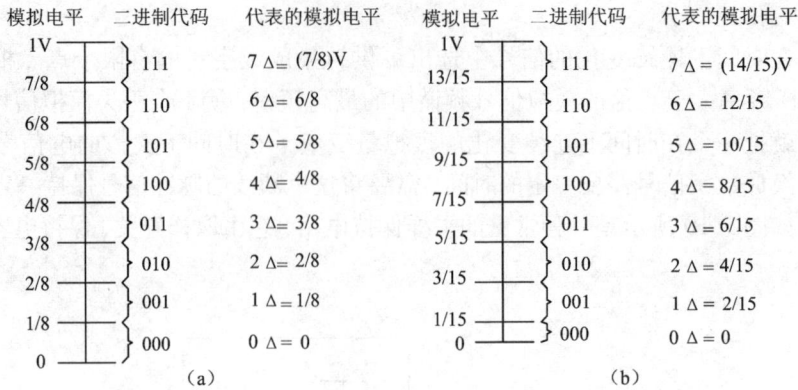

图 5.11　划分量化电平的两种方法

2.2　A/D 转换器的构成

ADC 可分为直接 ADC 和间接 ADC 两大类。在直接 ADC 中，输入模拟信号直接被转换成相应的数字信号，如计数型 ADC、逐次逼近型 ADC 和并联比较型 ADC 等，其特点是工作速度高，转换精度容易保证，调准也比较方便。而在间接 ADC 中，输入模拟信号先被转换成某种中间变量（如时间、频率等），然后再将中间变量转换为最后的数字量，如单次积分型 ADC、双积分型 ADC 等，其特点是工作速度较低，但转换精度可以做得较高，且抗干扰性强，一般在测试仪表中用得较多。

下面介绍常用的 A/D 转换器。

1. 并联比较型 A/D 转换器

3 位并联比较型 A/D 转换器由分压器、比较器、寄存器和编码器组成，V_{ref} 是基准电压，u_i 是输入模拟电压，起幅值在 $0 \sim V_{ref}$ 之间，$d_2 d_1 d_0$ 是输出的 3 位二进制代码，CP 是控制时钟信号，如图 5.12 所示。用 8 个串联起来的电阻对 V_{ref} 进行分压，得到从 $V_{ref}/15$ 到 $13V_{ref}/15$ 之间的 7 个比较电平，并把它们分别接到比较器 $C_1 \sim C_7$ 的反相输入端，输入模拟电压 u_i 接到每个比较器的同相输入端上，使之与 7 个比较电平进行比较。

寄存器由 7 个边沿 D 触发器构成，CP 上升沿触发，输出送给编码器进行编码，编码器的输出就是转换结果，是与输入模拟电压 u_i 相对应的 3 位二进制数。

当 $u_i < V_{ref}/15$ 时，7 个比较器输出全为 0，CP 到来后，寄存储器中各个触发器都被置成 0 状态；经编码器编码后输出的二进制代码为 $d_2 d_1 d_0 = 000$。

当 $V_{ref}/15 < u_i < 3V_{ref}/15$ 时，只有 C_1 输出为 1，所以 CP 信号到来后，也只有触发器 FF_1 被置成 1 状态，其余触发器仍为 0 状态；经编码器编码后输出的二进制代码为 $d_2 d_1 d_0 = 001$。

当 $3V_{ref}/15 < u_i < 5V_{ref}/15$ 时，$C_2 C_1$ 输出为 1，所以 CP 信号到来后，也只有触发器 FF_2 FF_1 被置成 1 状态，其余触发器仍为 0 状态；经编码器编码后输出的二进制代码为 $d_2 d_1 d_0 = 010$。

……

当 $13V_{ref}/15 < u_i < 15V_{ref}/15$ 时，$C_7 \sim C_1$ 输出为 1，所以 CP 信号到来后，所有触发器 $FF_7 \sim FF_1$ 被置成 1 状态；经编码器编码后输出的二进制代码为 $d_2 d_1 d_0 = 111$。

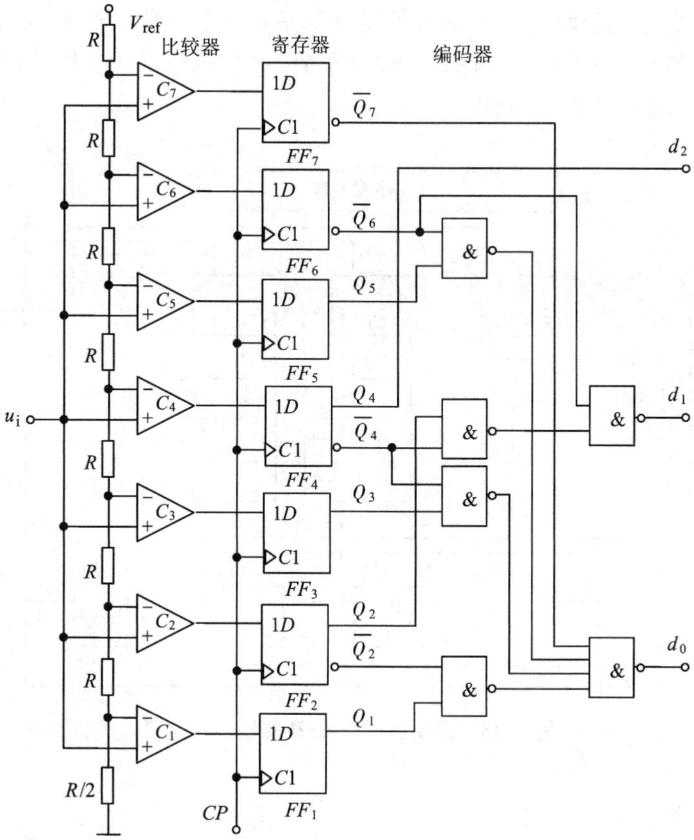

图 5.12　3 位并联比较型 A/D 转换器

这样，很容易得到不同输入电压时寄存器状态及相应的输出数字量。表 5.1 是 3 位并联比较型 A/D 转换器的真值表。

表 5.1　3 位并联比较型 A/D 转换器的真值表

输入模拟信号	比较器输出							数字输出		
	Q_7	Q_6	Q_5	Q_4	Q_3	Q_2	Q_1	d_2	d_1	d_0
$0 < u_i < V_{ref}/15$	0	0	0	0	0	0	0	0	0	0
$V_{ref}/15 < u_i < 3V_{ref}/15$	0	0	0	0	0	0	1	0	0	1
$3V_{ref}/15 < u_i < 5V_{ref}/15$	0	0	0	0	0	1	1	0	1	0
$5V_{ref}/15 < u_i < 7V_{ref}/15$	0	0	0	0	1	1	1	0	1	1
$7V_{ref}/15 < u_1 < 9V_{ref}/15$	0	0	0	1	1	1	1	1	0	0
$9V_{ref}/15 < u_1 < 11V_{ref}/15$	0	0	1	1	1	1	1	1	0	1
$11V_{ref}/15 < u_1 < 13V_{ref}/15$	0	1	1	1	1	1	1	1	1	0
$13V_{ref}/15 < u_1 < V_{ref}$	1	1	1	1	1	1	1	1	1	1

对于 n 位输出二进制码,并行 ADC 就需要 $2n-1$ 个比较器。显然,随着位数的增加所需硬件将迅速增加,当 $n>4$ 时,并行 ADC 较复杂,一般很少采用。因此并行 ADC 适用于速度要求很高,而输出位数较少的场合。

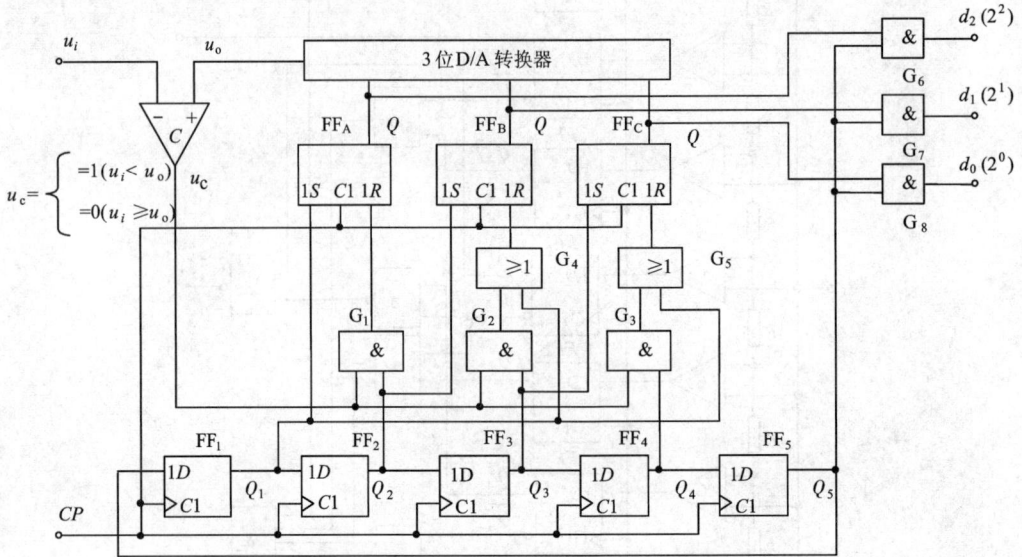

图 5.13　逐次逼近型 A/D 转换器原理图

2. 逐次逼近型 A/D 转换器

逐次逼近型 A/D 转换器的转换原理类似用天平称重量,一边是采样保持电路输出的模拟电压 u_i,另一边是预先加上的反馈电压 u_0(u_0 是数码寄存器中的数字量经 D/A 转换得来的),用比较器将 u_i 与 u_0 做比较,输出去控制数码寄存器中的数作加减。经反复比较,使反馈电压 u_0 逐次逼近输入模拟量 u_i。

具体过程是:首先把数码寄存器最高位置 1,其余各位置 0(即 $100\cdots0$)。该数码经 D/A 转换后的输出电压为 u_0,它等于满量程电压的一半。将 u_i 与 u_0 作比较,若 $u_i \geqslant u_0$,比较器输出 $u_c=0$,则通过逻辑控制保留数码寄存器最高位的 1;若 $u_i < u_0$,比较器输出 $u_c=1$,则将数码寄存器最高位的 1 变为 0。然后,控制器再将数码寄存器的次高位置 1,低位还是 0,此数码再经 D/A 转换得出电压 u_0,再与 u_i 进行比较以确定数码寄存器的数值是 1 还是 0。如此反复比较 n 次,直至数码寄存器最低位的值确定。此时数码寄存器中产生的数码即为 A/D 转换器输出的数字量。

转换开始前,先对电路置初值,使逐次逼近寄存器 $FF_A \sim FF_C$ 清零,则 D/A 转换器输出电压 $u_0=0$,使比较器输出 $u_c=0$;同时环形计数器 $FF_1 \sim FF_5$ 的状态置为 $Q_1Q_2Q_3Q_4Q_5=10000$,由于 $Q_5=0$,将输出门 $G_6 \sim G_8$ 封锁,没有代码输出。此时逐次逼近寄存器的 3 个 RS 触发器的 R、S 端分别为 $S_A=1$、$R_A=0$,$S_B=0$、$R_B=1$,$S_C=0$、$R_C=1$。

第一个 CP 到来后,$FF_A \sim FF_C$ 被置为 $Q_AQ_BQ_C=100$,经 D/A 转换后的输出一个模拟电压 u_0,送到比较器与输入的模拟电压 u_1 比较,比较结果 u_c 反馈到控制逻辑电路去控制 FF_A 输出是否保留,若 $u_c=0$,保留 1,若 $u_c=1$,则去掉 1。同时环形计数器右移一位,使 $Q_1Q_2Q_3Q_4Q_5=01000$,由于,$Q_5=0$,无代码输出,此时逐次逼近寄存器各触发器变为：$S_B = 1$、$R_B = 0$，$S_C = 0$、$R_C = 0$，$S_A = 0$，而 R_A 由 u_C 的值决定。

第二个 CP 到来后，FF_B 被置 1，FF_C 保持 0，而 FF_A 的状态则由 u_C 决定，如 $u_C = 1$，则 $R_6 = 1$，使 FF_6 置 0；如 $u_C = 0$，FF_B 保持 1 状态不变。环形计数器再右移一位，使 $Q_1 Q_2 Q_3 Q_4 Q_5 = 00010$，由于 $Q_5 = 0$，仍无代码输出。$FF_A \sim FF_C$ 个触发器的输入信号变为 $S_A = R_A = 0$，$S_C = 1$、$R_C = 0$。$S_B = 0$，而 R_B 由 u_C 的值决定。

第三个 CP 到来后，FF_C 被置 1，FF_A 保持不变，FF_B 的状态则由 u_C 的值决定，$u_C = 1$，则 $R_6 = 1$，则 FF_B 置 0；如 $u_C = 0$，则 $R6 = 0$，FF_6 保持 1 状态不变。环形计数器再右移一位，使 $Q_1 Q_2 Q_3 Q_4 Q_5 = 00100$，由于 $Q5 = 0$，仍无代码输出。$FF_A \sim FF_C$ 个触发器的输入信号变为 $S_A = R_A = 0$，$S_B = R_B = 0$，$S_C = 0$ 而 R_C 由 u_C 的值决定。

第四个 CP 到来后，FF_A 和 FF_B 都保持不变，FF_C 由 u_C 的值决定：$u_C = 1$，使 FF_C 置 0；如 $u_C = 0$，FF_C 保持 1 状态不变。同时环形计数器再右移一位，使 $Q_1 Q_2 Q_3 Q_4 Q_5 = 00001$，$Q5 = 1$，将输出门 $G_6 \sim G_8$ 打开，转换结果输出，使 $d_2 d_1 d_0 = Q_A Q_B Q_C$。

第五个 CP 作用后，环形计数器再右移一位，复位为初始状态，$Q_1 Q_2 Q_3 Q_4 Q_5 = 10000$。

由上分析可知，逐次逼近型 A/D 转换器的数码位数越多，转换结果越精确，但转换时间月长。一个 n 位逐次逼近型 A/D 转换器完成一次转换要进行 n 次比较，需要 $n + 2$ 个时钟脉冲。

3. 双积分型 A/D 转换器

对输入模拟电压 u_1 和基准电压 $-U_{\text{ref}}$ 分别进行积分，将输入电压平均值变换成与之成正比的时间间隔 T_2，然后在这个时间间隔里对固定频率的时钟脉冲计数，计数结果 N 就是正比于输入模拟信号的数字量信号。

（1）电路组成

如图 5.14 所示为双积分型 AD 转换器的电路图。该电路由运算放大器 A 构成的积分器、检零比较器 C、时钟输入控制门 G、定时器和计数器等组成。

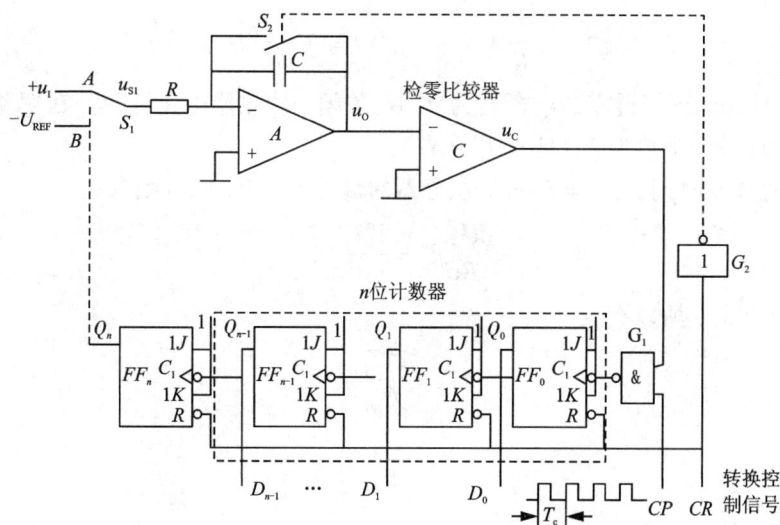

图 5.14　双积分型 AD 转换器原理图

①积分器：$Q_n = 0$，对被测电压 u_1 进行积分；$Q_n = 1$，对基准电压 $-U_{ref}$ 进行积分。

②检零比较器 C：当 $u_0 \geq 0$ 时，$u_c = 0$；当 $u_0 < 0$ 时，$u_c = 1$。

③计数器：为 $n+1$ 位异步二进制计数器。第一次计数，是从 0 开始直到 $2n$ 对 CP 脉冲计数，形成固定时间 $T_1 = 2^n T_c$（T_c 为 CP 脉冲的周期），T_1 时间到时 $Q_n = 1$，使 S_1 从 A 点转接到 B 点。第二次计数，是将时间间隔 T_2 变成脉冲个数 N 保存下来。

④时钟脉冲控制门 G_1：当 $u_c = 1$ 时，门 G_1 打开，CP 脉冲通过门 G_1 加到计数器输入端。

（2）工作过程：

①准备阶段：

转换控制信号 $CR = 0$，将计数器清 0，并通过 G_2 接通开关 S_2，使电容 C 放电；同时，$Q_n = 0$ 使 S_1 接通 A 点。

②采样阶段：当 $t = 0$ 时，CR 变为高电平，开关 S_2 断开，积分器从 0 开始对 u_1 积分，积分器的输出电压从 0 V 开始下降，即

$$u_0 = -\frac{1}{R} \int_0^t u_1 \mathrm{d}t$$

与此同时，由于 $u_0 < 0$，故 $u_c = 1$，G_1 被打开，CP 脉冲通过 G_1 加到 FF_0 上，计数器从 0 开始计数。直到当 $t = t_1$ 时，$FF_0 \sim FF_{n-1}$ 都翻转为 0 态，而 Q_n 翻转为 1 态，将 S_1 由 A 点转接到 B 点，采样阶段到此结束。若 CP 脉冲的周期为 T_c，则 $T_1 = 2nT_c$。

设 U_1 为输入电压在 T_1 时间间隔内的平均值，则第一次积分结束时积分器的输出电压为

$$U_P = -\frac{1}{R} \int_0^{T_1} u_1 \mathrm{d}t = -\frac{T_1}{RC} U_I = -\frac{2^n T_c}{RC} U_I$$

（3）比较阶段：

在 $t = t_1$ 时刻，S_1 接通 B 点，$-U_{ref}$ 加到积分器的输入端，积分器开始反向积分，u_0 开始从 U_p 点以固定的斜率回升，若以 t_1 算作 0 时刻，此时有：

$$u_0 = U_P - \frac{1}{R} \int_0^t (-U_{ref}) \mathrm{d}t = -\frac{2^n T_C}{RC} U_I + \frac{U_{ref}}{RC} t$$

当 $t = t_2$ 时，u_0 正好过零，u_c 翻转为 0，G_1 关闭，计数器停止计数。在 T_2 期间计数器所累计的 CP 脉冲的个数为 N，且有 $T_2 = NT_c$。

若以 t_1 算作 0 时刻，当 $t = T_2$ 时，积分器的输出 $u_0 = 0$，此时则有：

$$\frac{U_{ref}}{RC} T_2 = \frac{2^n T_C}{RC} U_I$$

由于 $T_1 = 2^n T_c$，所以有

$$T_2 = \frac{2^n T_C}{U_{ref}} U_I$$

$$T_2 = \frac{T_1}{U_{ref}} U_I$$

可见，$T_2 \propto U_I$

结论：

第一，如果减小 u_1，则当 $t = T_1$ 时，$u_0 = U'_p$，显然 $U'_p < U_p$，从而有 $T'_2 < T_2$；

第二，T_1 的时间长度与 u_1 的大小无关，均为 $2^n T_c$；

第三，第二次积分的斜率是固定的，与 U_p 的大小无关。

由于 $T_2 = N T_c$，所以

$$N = \frac{T_2}{T_C} = \frac{2^n}{U_{ref}} U_1$$

可见，$N \propto U_1 \propto u_1$，实现了 A/D 转换，$N$ 为转换结果。

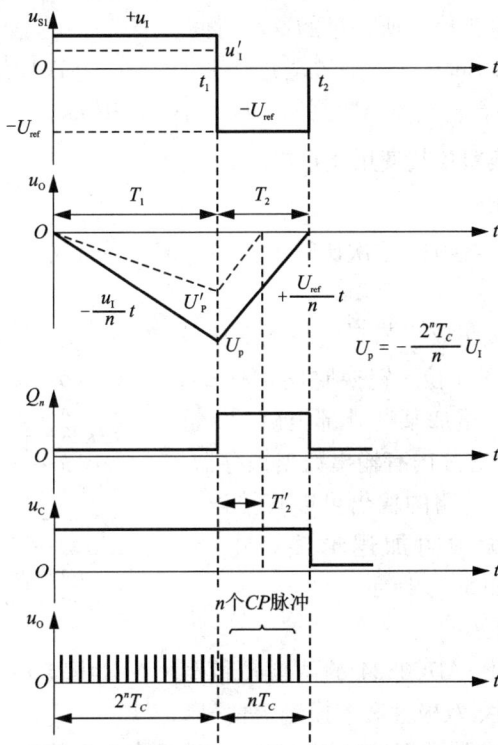

图 5.15　双积分型 A/D 转换器工作波形图

双积分型 A/D 转换器的特点：

①一次转换要进行二次积分，转换时间长，速度低，若位数多，要求精确转换，时间更长。

②精度高，两次积分 RC 数值的变化不影响精度。

③转换速度较慢。完成一次 A/D 转换至少需要 $(T_1 + T_2)$ 时间，每秒钟一般只能转换几次到十几次。因此它多用于精度要求高、抗干扰能力强而转换速度要求不高的场合。

2.3　A/D 转换器的主要参数

（1）分辨率

A/D 转换器的分辨率用输出二进制数的位数表示，位数越多，误差越小，转换精度越高。例如，输入模拟电压的变化范围为 $0 \sim 5$ V，输出 8 位二进制数可以分辨的最小模拟电压为 5 V $\times 2^{-8} = 20$ mV；而输出 12 位二进制数可以分辨的最小模拟电压为 5 V $\times 2^{-12} \approx$

1.22 mV。

(2)相对精度

表示 A/D 转换器实际输出的数字量和理想输出数字量之间的差别。常用最低有效位的倍数表达。A/D 转换器的相对误差小于等于(1/2)LSB,表示实际输出的数字量和理论上应得到的输出数字量之间的误差少于最低位 1 的一半。

(3)转换速度

转换速度是指完成一次转换所需的时间。转换时间是指从接到转换控制信号开始,到输出端得到稳定的数字输出信号所经过的这段时间。

双积分 ADC 的转换时间在几十毫秒至几百毫秒之间;逐次比较型 ADC 的转换时间大都在 $10 \sim 50$ μs 之间;并行比较型 ADC 的转换时间可达 10 ns。

2.4　集成 A/D 转换器及其使用注意事项

(1)集成 A/D 转换器

在单片集成 A/D 转换器中,逐次比较型使用较多,下面我们以 ADC0804 介绍 A/D 转换器及其应用。

ADC0804 是用 CMOS 集成工艺制成的逐次比较型模数转换芯片。分辨率 8 位,转换时间 100 μs,输入电压范围为 $0 \sim 5$ V,增加某些外部电路后,输入模拟电压可为 5 V。该芯片内有输出数据锁存器,当与计算机连接时,转换电路的输出可以直接连接在 CPU 数据总线上,无须附加逻辑接口电路。ADC0804 芯片外引脚图如 5.16 所示

引脚名称及意义如下:

$VIN(+)$ 和 $VIN(-)$:ADC0804 的两模拟信号

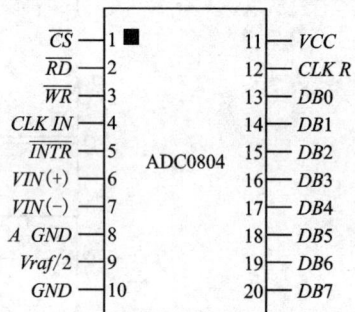

图 5.16　ADC0804 引脚图

输出端,用以接受单极性、双极性和差摸输入信号。

$DB0 \sim DB7$:A/D 转换器数据输出端,该输出端具有三态特性,能与微机总线相接。

$AGND$:模拟信号地。

GND:数字信号地。

$CLKIN$:外电路提供时钟脉冲输入端。

$CLKR$:内部时钟发生器外接电阻端,与 $CLKIN$ 端配合可由芯片自身产生时钟脉冲,其频率为 $1/1.1RC$。

CS:片选信号输入端,低电平有效,一旦 CS 有效,表明 A/D 转换器被选中,可启动工作。

WR:写信号输入,接受微机系统或其他数字系统控制芯片的启动输入端,低电平有效,当 CS、WR 同时为低电平时,启动转换。。

RD:读信号输入,低电平有效,当 CS、RD 同时为低电平时,可读取转换输出数据。

$INTR$:转换结束输出信号,低电平有效。输出低电平表示本次转换已完成。该信号常作为向微机系统发出的中断请求信号。

(2)ADC0804 使用时注意事项:

①零点和满刻度调节。

ADC0804 的零点无须调整。满刻度调整时，先给输入端加入电压 V_{IN+}，使满刻度所对应的电压值是，其中 V_{MAX} 是输入电压的最大值，V_{MIN} 是输入电压的最小值。当输入电压与 V_{IN+} 值相当时，调整 $V_{REF/2}$ 端电压值使输出码为 FEH 或 FFH。

②参考电压的调节。

在使用 A/D 转换器时，为保证其转换精度，要求输入电压满量程使用。如输入电压动态范围较小，则可调节参考电压，以保证小信号输入时 ADC0804 芯片 8 位的转换精度。

③接地。

模数、数模转换电路中要特别注意到地线的正确连接，否则干扰很严重，以至影响转换结果的准确性。A/D、D/A 及取样保持芯片上都提供了独立的模拟地(AGND)和数字地(DGND)的引脚。在线路设计中，必须将所有的器件的模拟地和数字地分别连接，然后将模拟地与数字地仅在一点上相连。

三、任务实现

1　电路与原理

电路原理图如图 5.17 所示。

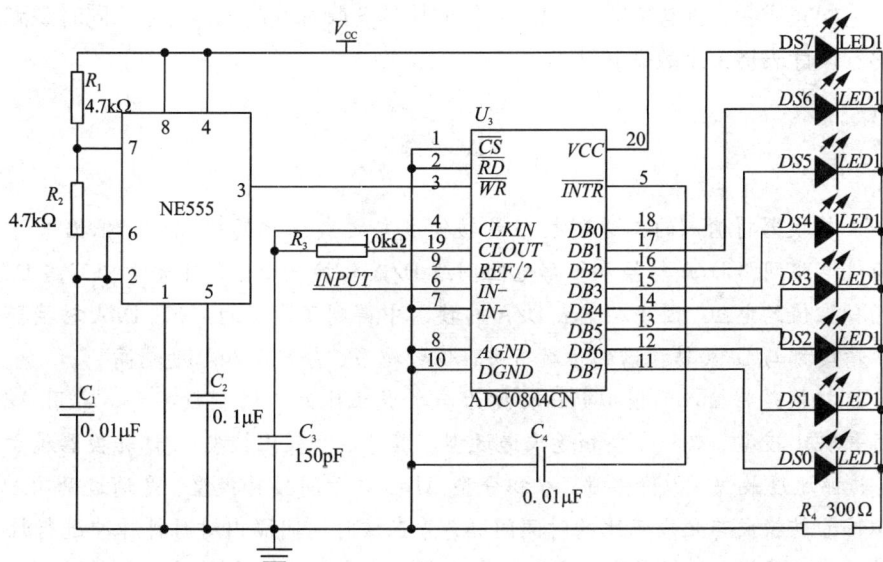

图 5.17　A/D 转换与显示电路

2　技能要求

（1）元器件检测

本套元件是按所需元件的 120% 配置，请准确清点和检查全套装配材料数量和质量，进行元器件的识别和检测，筛选确定元器件。元件检测见表 5.2。

表5.2　元件测试

元器件	识别和检测内容		
电阻2支	色环电阻	标称值(含误差)	
	绿蓝黑金棕(五环电阻)		
	黄紫黑棕棕(五环电阻)		
发光二极管	所用仪表	数字表　指针表	
	万用表读数(含单位)	正测	
		反测	
NE555集成块	所用仪表		
	1. 在右框中画出NE555集成块的外形图,且标出管脚顺序及名称 2. 列表测量出NE555集成块电源脚,输出脚对接地脚的电阻值		

(2)根据装配图安装印制电路板

印制电路板组件符合《IPC-A-610D印制板组件可接受性标准》的二级产品等级可接收条件。装配完成后,通电测试ADC0804集成块的3脚和6脚的电压值,同时观测3脚输入的波形。设计表格记录数据和波形。

小　结

1. D/A转换器将输入的二进制数字量转换成与之成正比的模拟量。根据工作原理基本上分为权电阻网络D/A转换和T形电阻网络D/A转换。由于倒T形电阻网络D/A转换只要求两种阻值的电阻,因此在集成D/A转换器中得到了广泛的应用。D/A转换器的分辨率和转换精度都与D/A转换器的位数有关,位数越多,分辨率和精度越高。

2. A/D转换是将输入的模拟电压转换为与之成正比的二进制数字量。常用A/D转换器主要有并联比较型、双积分型和逐次逼近型。其中,并联比较型A/D转换器属于直接转换型,其转换速度最快,但价格贵;双积分型ADC属于间接转换型,是通过两次积分,将输入模拟信号转换成与之成正比的时间间隔,并在该时间间隔内对时钟脉冲进行计数来实现转换的。其速度慢,但精度高、抗干扰能力强;逐次逼近型也属于直接转换型,是将输入模拟信号和DAC依次产生的比较电压逐次比较。其速度较快、精度较高、价格适中,因而被广泛采用。

3. A/D转换要经过采样-保持和量化与编码两步实现。采样-保持电路对输入模拟信号取样值,并展宽;量化是对样值脉冲进行分级,编码是将分级后的信号转换成二进制代码。对模拟信号采样时,必须满足采样定理:采样脉冲的频率不小于输入模拟信号最高频率分量的2倍,这样才能做到不失真地恢复出原模拟信号。

4. A/D转换器和D/A转换器的主要技术参数是转换精度和转换速度。在与系统连接后，转换器的这两项指标决定了系统的精度与速度。目前，A/D 与 D/A 转换器的发展趋势是高速度、高分辨率及易于与微型计算机接口，用以满足各个应用领域对信号处理的要求。

习题五

5.1　D/A 转换器的位数有什么意义？它与分辨率、转换精度有什么关系？

5.2　如果要求 D/A 转换器精度小于 2%，至少要用多少位 D/A 转换器？

5.3　某 8 位 D/A 转换器输出满度电压为 6 伏，那么，它的 1LSB 对应电压值是多少？

5.4　常见的 D/A 转换器有几种？其特点分别是什么？常见的 A/D 转换器有几种？其特点分别是什么？

5.5　A/D 转换电路工作中量化和编码的作用是什么？

5.6　什么是量化单位和量化误差，减小量化误差可以从哪几个方面考虑？

5.7　如 A/D 转换器输入的模拟电压不超过 10 V，问基准电压 V_{ref} 应取多少伏？如转换成 8 位二进制数时，它能分辨的最小模拟电压是多大？如转换成 16 位二进制数时，它能分辨的最小模拟电压又是多大？

5.8　一个 10 位的逐次逼近型 A/D 转换器，若时钟频率为 100 kHz，试计算完成一次转换所需要的时间

5.9　简述双积分型 A/D 转换电路的工作原理。

附录一 企业 PR – SP14 OQA 检验流程指导

1. 目的

明确产品交付之前的检验流程。

2. 适用范围

适用于所有要交付给客户的产品。

3. 操作流程/职责和工作要求

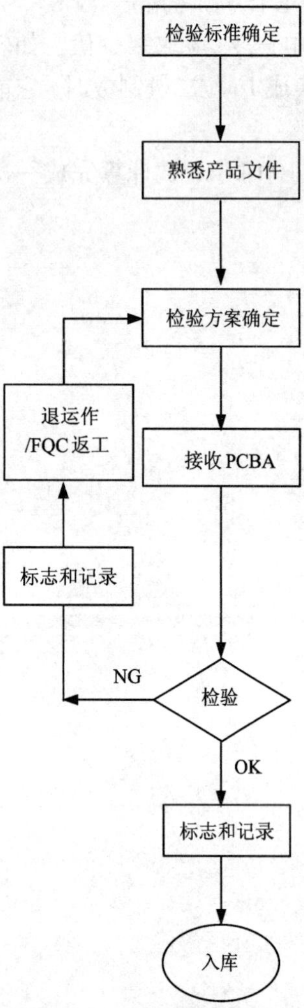

流程（OQA 检验）	职责	工作要求	工具及方法	相关文件记录
检验标准确定 → 熟悉产品文件 → 检验方案确定 → 接收 PCBA → 检验〈NG→退运作/FQC返工→标志和记录→检验方案确定〉〈OK→标志和记录→入库〉	工程师 OQA OQA 组长 OQA 组长 OQA 检验员	1. 根据客户要求确定检验标准 2. 制定 CAR/客户投诉/异常反馈明细档案，作为检验员检验的依据 3. 检验员需熟悉产品装配图等产品文件 根据产品批量和产品特点确定检验方案（抽样数量/检验内容） 接收包装好的成品 1. OQA 根据检验作业指导书进行抽样检验 2. 检验后做好标志和记录 3. 检验合格的产品入库 4. 检验不合格的产品退运作/FQC 返工或返修，严重不良 OQA 将开出 CAR 5. 返工或返修后的 PCBA 交 OQA 重新检验	Visual aids 检验标准 检验作业指导书 《CAR/客户投诉/异常反馈明细档案》 装配图 其他产品文件 Traveler C＝0 Visual aids 检验标准 检验作业指导书 放大镜/显微镜	OQA 检验记录 OQA 出货报告 返工通知单 CAR

流　程(特采放行)	职　责	工作要求	工具及方法	相关文件记录
OQA检验发现异常状态	OQA	OQA 检验发现异常状态：①介于合格和不合格之间临界状态难于判断②不影响客户功能的缺陷③其他 OQA 认为是异常的状态	放大镜/显微镜	检验记录/报告
标志隔离	OQA	OQA 做好标志，并将异常产品隔离，以免与正常合格产品混淆	不合格标签	
反馈工程师　　特采要求提出	OQA	OQA 将异常状态反馈质量工程师	检验记录/报告	
	PMC 生产	PMC 或生产针对交货任务紧急情况，提出特采要求		
初步评估	QE	QE 和 PE 对异常状态初步评估，作出如下建议：①返工(可通过返工处理)；②报废(无法处理)以上 2 种见前 1 页检验流程；③特采		
相关部门评估　　返工或报废	QE	QE 应将特采方案知会市场/技术/生产等相关部门，必要时，还应经客户同意		特采通知单
通过？　　No	相关部门	如果相关部门，如市场或客户不同意，则按客户要求返工或报废		特采通知单
Yes		如果同意，则将特采产品做好标志和记录出货	特采通知单	特采标签
做好区分标志				
发货				

附录二　数字电路的安装调试方法

一、数字电路的安装方法

1. 面包板的结构

正规电子产品是采用焊接的方法将电路的元器件连接在一起,焊接方法的优点是接触良好,电路可以长期使用。而试制产品或实验电路往往是采用先插接的方法,当试制或实验成功后,再设计印刷电路板,用焊接方法固定电路。数字电路的实验一般是采用面包板进行。

面包板的结构(局部)如附图 2.1 所示,图中的每一个小方格在面包板上就是一个小插孔。小插孔孔心的距离与集成电路引脚的距离相等。面包板中间的间槽两边各有 65×5 个插孔,每 5 个一组,竖排 A、B、C、D、E 是一组相通的插孔,也就是间槽两边各有 65 组插孔。双列直插式集成电路的引脚分别插在间槽两边。集成块每个引脚相当于接出 4 个插孔,这 4 个插孔可以作为与其他元器件连接的引出端,接线方便。面包板最外边各有一排 11×5 的插孔(图中的 X、Y 处),每 5 个插孔一组是相通的,各组之间是否完全相通,各个厂家生产的产品各不相同,要用万用表量测后方可使用。最外边的这两排插孔一般可用作公共信号线、接地线或电源线。

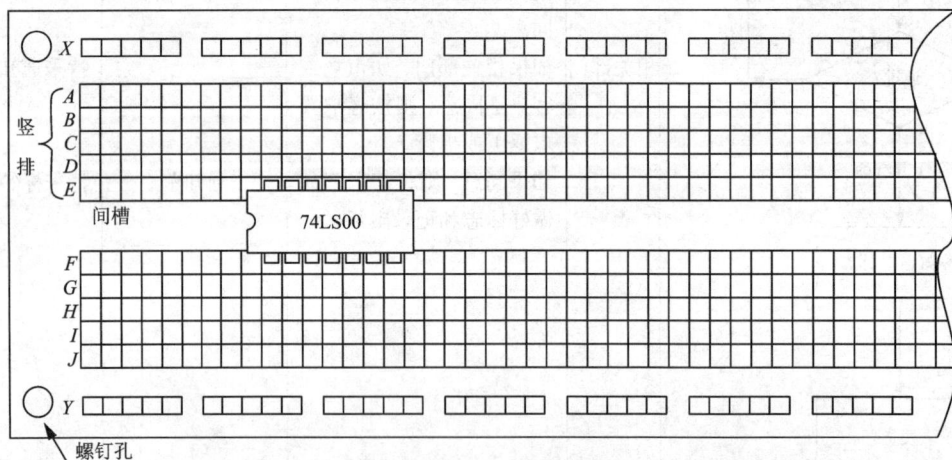

附图 2.1　面包板的结构图(局部)以及双列直插式集成块的插接方式

有些面包板价格便宜,而且容易买到,但插孔内的金属片弹性相对差一些。有些面包板的金属片弹性较好,但价格比前者高出好几倍,而且不易买到。使用面包板做实验比用焊接方法简便，容易更换线路和元器件，而且可以多次使用。在多次使用的面包板中，弹簧片会变松，弹性变差，容易造成接触不良，而接触不良和虚焊一样不易查找。因此，多次使用后的面包板应从背面揭开，取出弹性差的弹簧片，用镊子修正后再插入原来的位置，可以使弹性增强，增加面包板的可靠性和使用寿命。

2. 布线用的工具

布线用的工具主要有偏口钳（斜口钳）、扁嘴钳、镊子。偏口钳是用来剪断导线和元器件引脚的，因此选用的钳子要锋利。将钳口合上，对着光检查时应合缝不漏光，剪下的断面才能整齐不变形。

扁嘴钳有平口钳和尖嘴钳两种，它们是用来折弯导线的，钳口要稍带弧形，以免在钩绕时划伤导线。

镊子是用来夹住导线或元器件的引脚送入到指定位置的。

3. 布线技巧

如附图 2.2 所示，数字电路在面包板上的布线要注意以下几点：

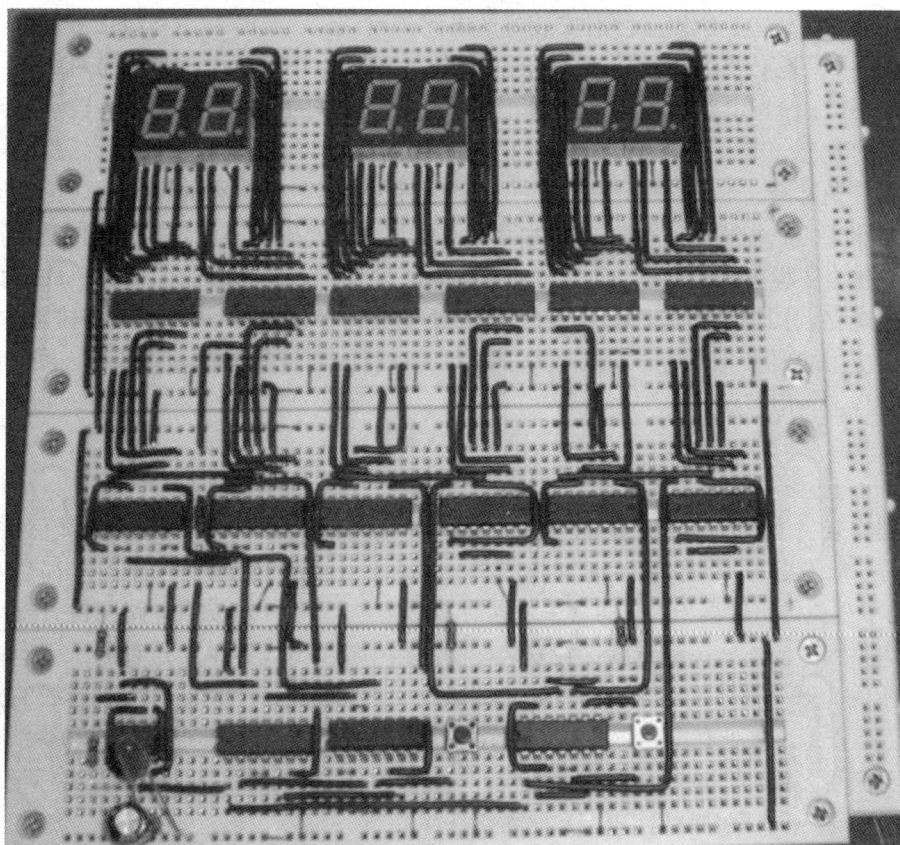

附图 2.2　数字电路的布线

（1）布线前应在坐标纸上画出安装图，坐标纸上的小方格应与面包板上的插孔相对应。

（2）为了能正确布线并便于查线，所有集成电路的插入方向要一致，不能为了临时走线方便而把集成电路倒插。

（3）安装图画好后，应严格与原理图进行核对，要确保无错漏。

（4）安装的分离元件应便于看到其极性和标志。

（5）对多次使用过的集成电路的引脚，必须修理整齐，确保与插孔接触良好。

（6）元器件安装好之后，先连接电源线和地线，再插接元器件之间的连线。

（7）导线两头各留 6 mm 左右作为插入插孔的长度较合适。

（8）连线要求紧贴在面包板上，不允许跨接在集成电路上，也不要使导线相互重叠在一起，尽量做到横平竖直。

（9）为了使电路能够正常工作，所有的地线必须连在一起，形成一个公共参考点。

二、数字电路的调试技巧

任何一个电路，包括已被实验证明是成功可行的电路，按照设计的电路图安装完毕之后，并不能马上投入使用。因为在设计时，对各种客观因素难以完全预测，加上元器件参数存在离散性与误差，所以必须对安装好的电路进行调试，及时发现和纠正不符合设计要求的地方，并采取必要的补救措施，直到满足设计要求为止。所以，电路的调试是一个必不可少的环节，掌握电路调试方法也是电子技术人员必需的基本技能之一。数字电路作为电子线路的一个分支，其调试方法与其他电子线路有着许多共同之处，也有其自身的特点。下面首先讨论电子线路通用的调试方法，然后再针对数字电路的特殊性讨论在调试过程中需要注意的一些特殊问题。通过对实际应用电路的分析和实际电路调测方法的学习，我们可以建立工程应用的概念，达到复习、巩固基础知识，提高应用能力的目的。我们应掌握数字电路读图的基本方法和步骤；掌握数字电路调试和基本故障诊断与排除的方法，达到综合应用的要求。电路的调试是为了达到设计目的而进行的测量、调整、再测量、再调整的过程。一般按照如下顺序进行。

1. 检查电路接线

（1）检查连线

电路安装完毕，不要急于通电，先要认真检查电路接线是否正确，包括错线（连线一端正确，另一端错误），少线（安装时漏掉的线）和多线（连线的两端在电路图上都是不存在的）。为了避免作出错误诊断，通常采用两种查线方法。一种是按照电路图检查安装的线路。把电路图上的连线按一定顺序在安装好的线路中逐一对应检查，这种方法很容易找出错线和少线。另一种是按照安装的线路对照电路原理图，把每个元器件引脚连线的去向一次查清，检查每个去处在电路图上是否都存在，这种方法不但可以查出错线和少线，还很容易查到是否多线。不论用什么方法查线，一定要在电路图上把查过的线做出标记，并且还要检查每个元器件引脚的使用端数是否与图纸相符。

（2）直观检查

直观检查电源、地线、信号线、元器件引脚之间有无短路；连接处有无接触不良，元器件极性有无错接。

2. 调试用的仪器

调试用的仪器一般有数字万用表（或指针式万用表）、示波器、信号发生器。

3.调试方法

调试一般包括测试和调整两个方面。测试是在安装后对电路的参数及工作状态进行测量，调整就是指在测试的基础上对电路的参数进行修正，使之满足设计要求。为了使测试顺利进行，设计的电路图上应当标出各点的电位值、相应的波形图以及其他数据。

调试方法有以下两种：

第一种是采用边安装边调试的方法。也就是把复杂的电路按原理框图上的功能分块进行安装和调试。在分块调试的基础上逐步扩大安装和调试的范围，最后完成整机调试。对于新设计的电路，一般采用这种方法，以便及时发现问题并加以解决。

第二种方法是整个电路安装完毕，实行一次性调试。这种方法一般适用于定型产品和需要相互配合才能运行的产品。

4.调试步骤：

（1）通电观察

先关断电源开关，把经过调整并准确测量电压的电源加入电路，然后打开电源开关。电源通电以后不要急于测量数据和观察结果，首先要观察有无异常现象，包括有无冒烟，是否闻到异常气味，手摸元器件是否发烫，电源是否有短路现象等。如果出现异常，应该立即关断电源，待排除故障后方可重新通电。然后再测量各元器件引脚的电压，而不只是测量各路总电源电压，以保证元器件正常工作。

（2）分块调试

分块调试是把电路按照功能分成不同的部分，先按功能模块调试电路，既容易排除故障，又可以逐步扩大调试范围，实现整机调试。实际工作时，既可以装好一部分就调试一部分，也可以整机装好后再分块调试。

（3）先静态调试、后动态调试

静态是指电路输入端未加输入信号或固定电位信号，使电路处于稳定的直流工作状态。静态调试是调试直流工作状态下电路的静态工作点，测试静态参数。电路的初始调试工作不宜开始就加电源同时又加信号进行电路测试。因为电路安装完成之后，未知因素很多，如接线是否正确、元器件是否完好、参数是否合适、分布参数的影响如何等等，都需要从最基本的直流工作状态开始观察测试。所以一般是进行静态调试，待电路的直流工作状态正确后再继续测试。

三、数字电路一般故障的检查和排除

在实际运行过程中，数字电路出现故障是常见的事。检查数字电路的故障是很复杂的，这不但要求从事这方面工作的技术人员有较好的电子电路理论基础，对故障有较强的分析能力，而且还要求掌握检测故障的方法，迅速找出故障，只有经过不断的实践才能做到这一点。

1.产生故障的原因

对于组合逻辑电路，如不能按真值表的要求工作，就可认为电路有故障。对于时序逻辑电路，如不能按状态转换真值表工作时，就认为存在故障。产生故障的原因大致有以下几点：

（1）由于安装布线不当，包括断路、桥接、漏线、插错电子元器件、闲置输入端处理不当等。

（2）接触不良，如插件的松动、焊接不良（如虚焊）、接点氧化等。这类故障表现为时有时无，带有一定的偶发性。

（3）温度、湿度、工作时间等环境条件不符合要求时，也很难保证电路正常工作。

（4）很多电子元器件在通电工作时间超过一定限度时，会出现老化现象，影响电路正常工作。

（5）电路中的实际电压或电流值超过了元器件的额定参数，造成元器件损坏，影响电路正常工作。

2. 查找故障的常用方法

（1）直观检查法

检查设备的功能是否符合要求、能否正常使用，电路通电后仔细检查有无异常现象，如有无因电流过大烧毁电子元器件产生的异味或冒烟等。

（2）顺序检查法

①由输入级向输出级逐级检查：在输入端加入信号，而后沿着信号的流向逐级向输出级进行检测，直到发现故障为止。

②由输出级向输入级逐级检查：从故障级开始逐级向输入级进行检测，直到检测出有正常信号的一级为止，则故障便出在信号由正常变为不正常的一级。

（3）比较法

为了尽快找出故障，常将故障电路主要测试点的电压波形、电流、电压等参数和一个工作正常的相同电路对应测试点的参数进行对比，从而查出故障。

（4）替换法

当怀疑某一部分电路板块或元器件有故障时，则可用完全相同的电路板块或元器件进行替换使用，以判断被替换的电路板块或元器件是否有故障，从而达到排除故障的目的。

当故障查找出来后，排除故障是不难的。如故障是由电子元器件损坏造成的，用质量稳定的、同一型号的产品替换。如故障是由导线的断线、焊点的脱落等原因引起的，则应更换好的导线、焊好脱落的焊点。在故障被排除后，还应该检查修复后的数字电路是否已完全恢复正常工作。只有电路的技术要求都达到了，才算故障完全排除了。

附录三　部分常用数字集成电路的外引线排列图

1. 74LS 系列

74LS00 四 2 输入与非门

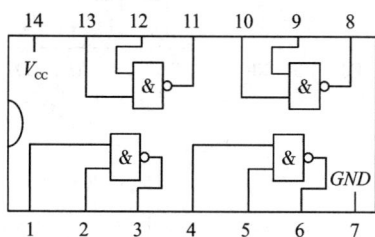

74LS86 四 2 输入异或门

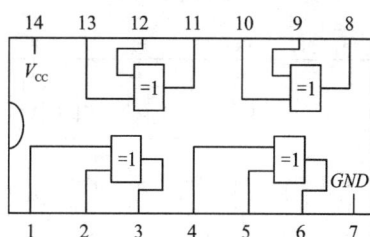

74LS08 四 2 输入与门

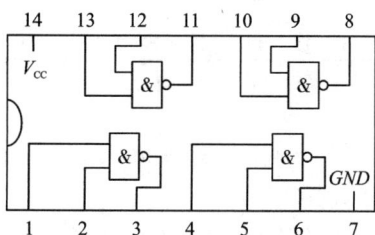

74LS90 非同步十进制计数器

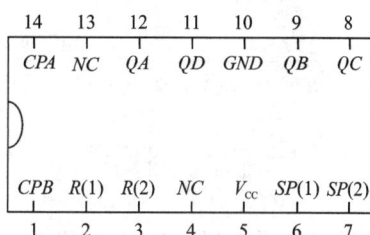

74LS20 双 4 输入与非门

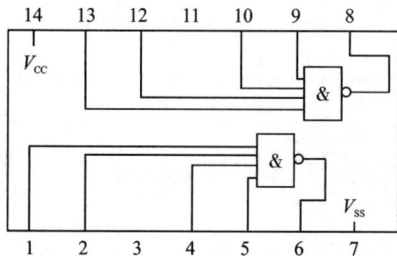

74LS112 双 JK 触发器

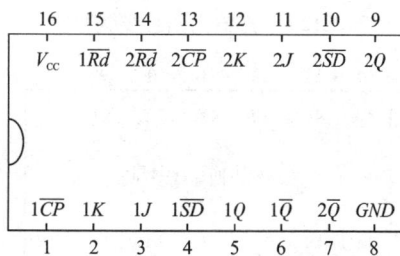

74LS74 双 D 触发器

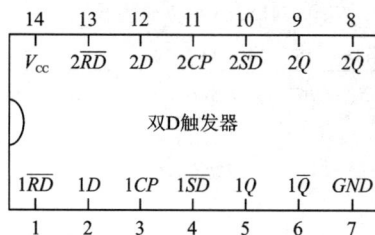

74LS138 3 线 - 8 线译码器

74LS03 四 2 输入集电极开路与非门

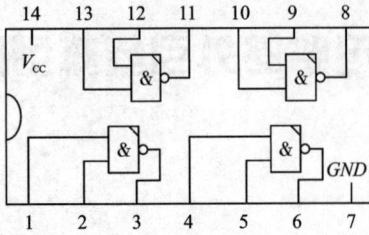

```
 14   13   12   11   10   9    8
Vcc            &         &
       &         &              GND
 1    2    3    4    5    6    7
```

74LS04 六反向器

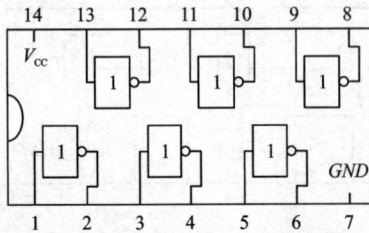

```
 14   13   12   11   10   9    8
Vcc       1         1         1
      1         1         1       GND
 1    2    3    4    5    6    7
```

74LS160/161 十进制/4 位二进制同步加计数器

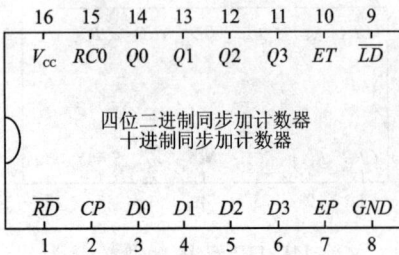

```
 16   15   14   13   12   11   10   9
Vcc  RC0  Q0   Q1   Q2   Q3   ET   LD̄

        四位二进制同步加计数器
        十进制同步加计数器

RD̄   CP   D0   D1   D2   D3   EP   GND
 1    2    3    4    5    6    7    8
```

74LS125 三态输出四总线缓冲器

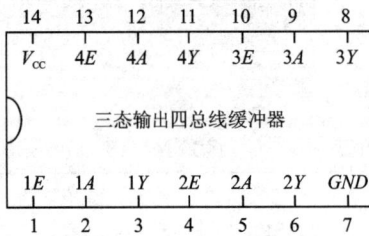

```
 14   13   12   11   10   9    8
Vcc  4E   4A   4Y   3E   3A   3Y

        三态输出四总线缓冲器

1E   1A   1Y   2E   2A   2Y   GND
 1    2    3    4    5    6    7
```

74LS32 四 2 输入或门

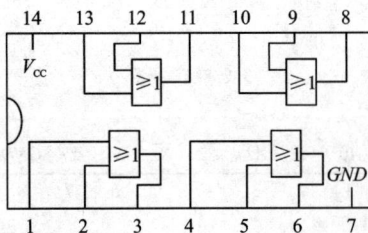

```
 14   13   12   11   10   9    8
Vcc       ≥1        ≥1
      ≥1        ≥1           GND
 1    2    3    4    5    6    7
```

74LS151 八选一数据选择器

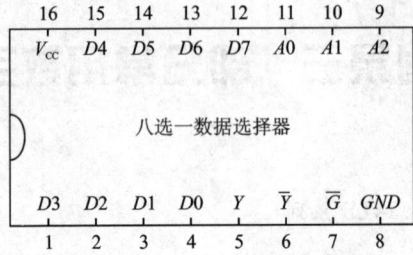

```
 16   15   14   13   12   11   10   9
Vcc  D4   D5   D6   D7   A0   A1   A2

        八选一数据选择器

D3   D2   D1   D0   Y    Ȳ    Ḡ    GND
 1    2    3    4    5    6    7    8
```

74LS153 双四选一数据选择器

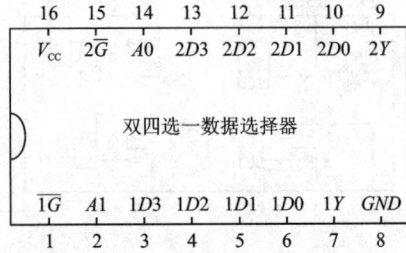

```
 16   15   14   13   12   11   10   9
Vcc  2Ḡ   A0   2D3  2D2  2D1  2D0  2Y

        双四选一数据选择器

1Ḡ   A1   1D3  1D2  1D1  1D0  1Y   GND
 1    2    3    4    5    6    7    8
```

74LS193 二进制可预置数加/减计数器

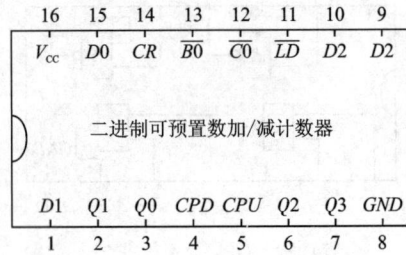

```
 16   15   14   13   12   11   10   9
Vcc  D0   CR   B̄0   C̄0   LD̄   D2   D2

        二进制可预置数加/减计数器

D1   Q1   Q0   CPD  CPU  Q2   Q3   GND
 1    2    3    4    5    6    7    8
```

74LS194 四位双向移位寄存器

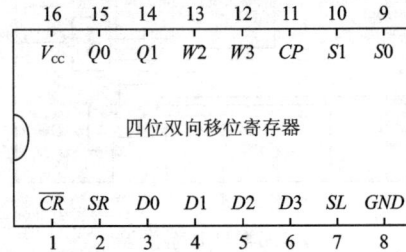

```
 16   15   14   13   12   11   10   9
Vcc  Q0   Q1   W2   W3   CP   S1   S0

        四位双向移位寄存器

CR̄   SR   D0   D1   D2   D3   SL   GND
 1    2    3    4    5    6    7    8
```

74LS283 4 位加法器

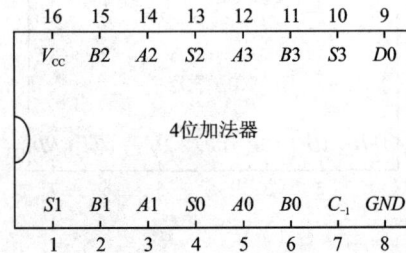

```
 16   15   14   13   12   11   10   9
Vcc  B2   A2   S2   A3   B3   S3   D0

        4位加法器

S1   B1   A1   S0   A0   B0   C₋₁  GND
 1    2    3    4    5    6    7    8
```

74LS183 双全加器

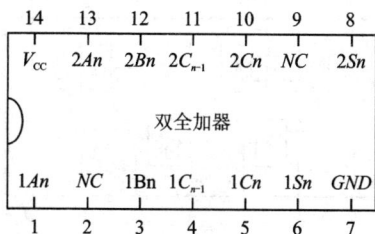

14	13	12	11	10	9	8
V_{CC}	$2An$	$2Bn$	$2C_{n-1}$	$2Cn$	NC	$2Sn$

双全加器

$1An$	NC	$1Bn$	$1C_{n-1}$	$1Cn$	$1Sn$	GND
1	2	3	4	5	6	7

74LS192 同步十进制双时钟可逆计数器

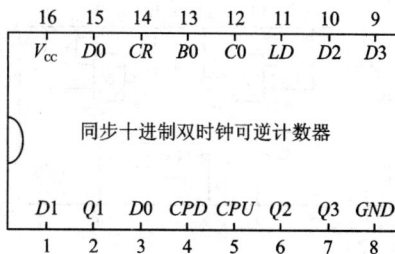

16	15	14	13	12	11	10	9
V_{CC}	D0	CR	B0	C0	LD	D2	D3

同步十进制双时钟可逆计数器

D1	Q1	D0	CPD	CPU	Q2	Q3	GND
1	2	3	4	5	6	7	8

DAC0832 八位数模转换器

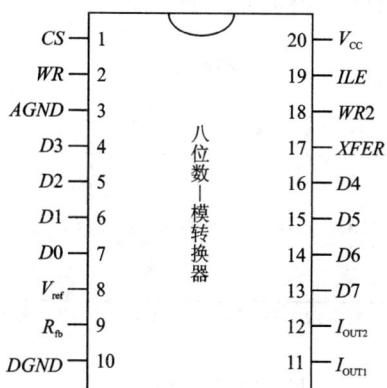

CS — 1	20 — V_{CC}
WR — 2	19 — ILE
AGND — 3	18 — WR2
D3 — 4	17 — XFER
D2 — 5	16 — D4
D1 — 6	15 — D5
D0 — 7	14 — D6
V_{ref} — 8	13 — D7
R_{fb} — 9	12 — I_{OUT2}
DGND — 10	11 — I_{OUT1}

八位数—模转换器

ADC0809 八路八位模数转换器

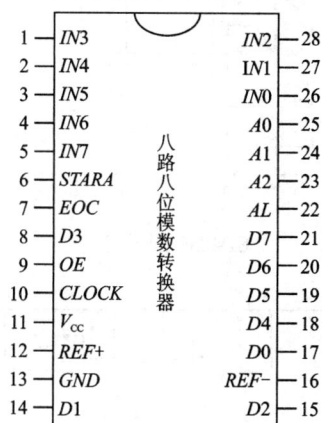

1 — IN3	IN2 — 28
2 — IN4	IN1 — 27
3 — IN5	IN0 — 26
4 — IN6	A0 — 25
5 — IN7	A1 — 24
6 — STARA	A2 — 23
7 — EOC	AL — 22
8 — D3	D7 — 21
9 — OE	D6 — 20
10 — CLOCK	D5 — 19
11 — V_{CC}	D4 — 18
12 — REF+	D0 — 17
13 — GND	REF- — 16
14 — D1	D2 — 15

八路八位模数转换器

MC1413（ULN2003）七路 NPN 达林顿列阵

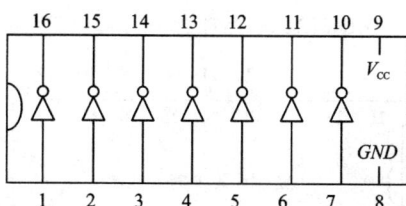

16	15	14	13	12	11	10	9
							V_{CC}
							GND
1	2	3	4	5	6	7	8

74LS196 二、五、十进制加计数器

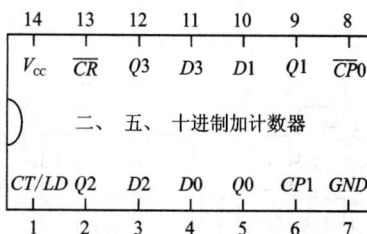

14	13	12	11	10	9	8
V_{CC}	$\overline{CR}$	Q3	D3	D1	Q1	$\overline{CP0}$

二、五、十进制加计数器

CT/LD	Q2	D2	D0	Q0	CP1	GND
1	2	3	4	5	6	7

2. CD4000 系列

CD4001 四 2 输入或非门

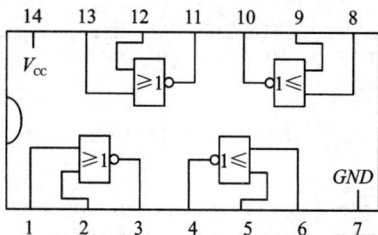

14	13	12	11	10	9	8
V_{CC}						
						GND
1	2	3	4	5	6	7

CD4071 四 2 输入或门

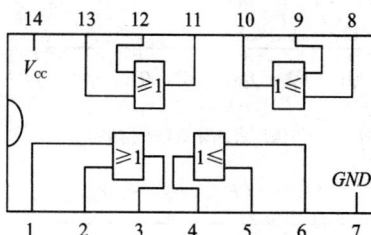

14	13	12	11	10	9	8
V_{CC}						
						GND
1	2	3	4	5	6	7

CD4011 四 2 输入与非门

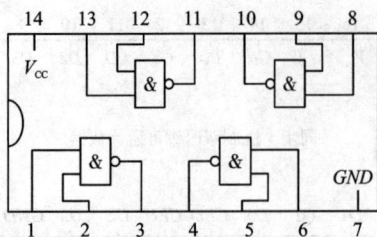

CD4082 双四输入与门

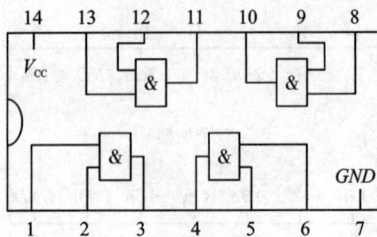

CD4012 双四输入与非门

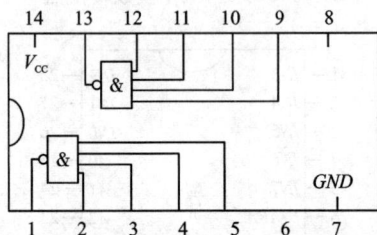

CD4013 双 D 触发器

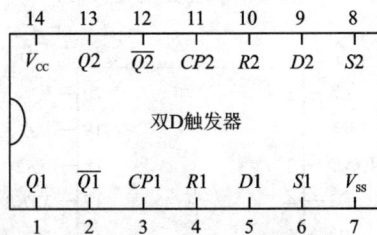

14	13	12	11	10	9	8
V_{cc}	$Q2$	$\overline{Q2}$	$CP2$	$R2$	$D2$	$S2$

双D触发器

$Q1$	$\overline{Q1}$	$CP1$	$R1$	$D1$	$S1$	V_{ss}
1	2	3	4	5	6	7

CD4030 四异或门

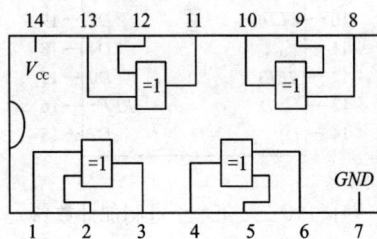

CD4017BCD 码计数器/时序译码器

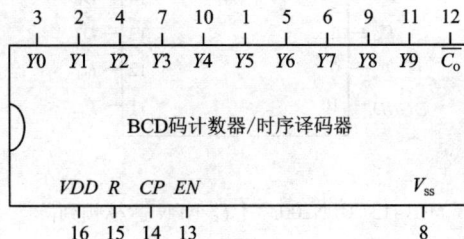

3	2	4	7	10	1	5	6	9	11	12
$Y0$	$Y1$	$Y2$	$Y3$	$Y4$	$Y5$	$Y6$	$Y7$	$Y8$	$Y9$	$\overline{C_o}$

BCD码计数器/时序译码器

VDD	R	CP	EN		V_{ss}
16	15	14	13		8

CD4060 六反相器

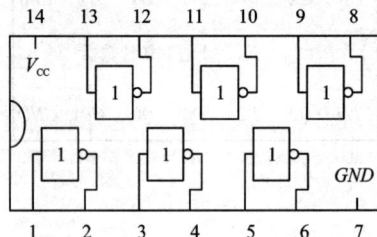

CD4022 八进制计数/时序译码器

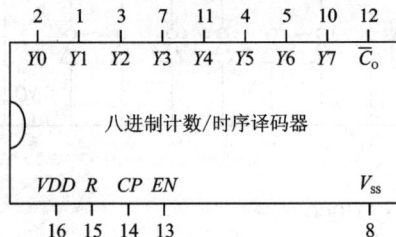

2	1	3	7	4	5	10	12
$Y0$	$Y1$	$Y2$	$Y3$	$Y4$	$Y5$	$Y6$	$Y7$	$\overline{C_o}$

八进制计数/时序译码器

VDD	R	CP	EN	V_{ss}
16	15	14	13	8

CD4024 7 级二进制计数器/分频器

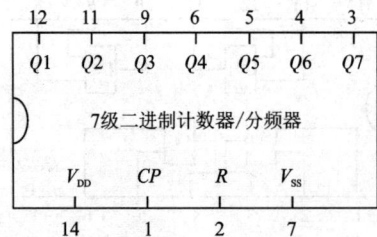

12	11	9	6	5	4	3
$Q1$	$Q2$	$Q3$	$Q4$	$Q5$	$Q6$	$Q7$

7级二进制计数器/分频器

V_{DD}	CP	R	V_{ss}
14	1	2	7

CD4020 14 级二进制计数器/分频器

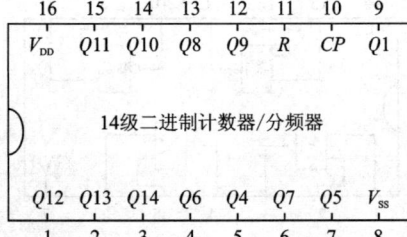

16	15	14	13	12	11	10	9
V_{DD}	$Q11$	$Q10$	$Q8$	$Q9$	R	CP	$Q1$

14级二进制计数器/分频器

$Q12$	$Q13$	$Q14$	$Q6$	$Q7$	$Q5$	V_{ss}
1	2	3	4	5	6	7	8

双时钟 BCD 可预加/减计数器

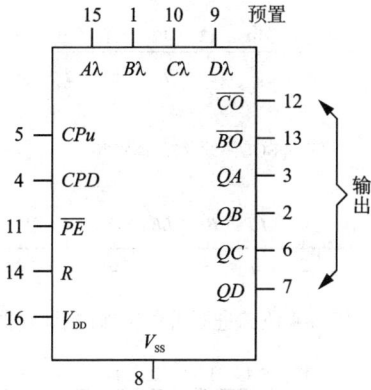

预置

15　1　10　9

$A\lambda$　$B\lambda$　$C\lambda$　$D\lambda$

$\overline{CO}$ — 12

5 — CPu

$\overline{BO}$ — 13

4 — CPD

QA — 3

11 — $\overline{PE}$

QB — 2

输出

14 — R

QC — 6

16 — V_{DD}

QD — 7

V_{SS}

8

CD40192 三位半双积分模数(A/D)转换器

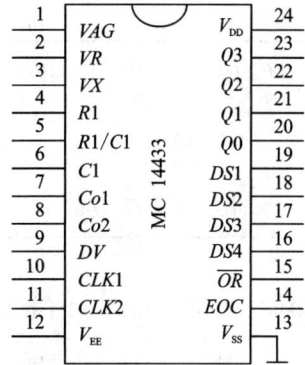

1	VAG		V_{DD}	24
2	VR		$Q3$	23
3	VX		$Q2$	22
4	$R1$		$Q1$	21
5	$R1/C1$		$Q0$	20
6	$C1$		$DS1$	19
7	$Co1$	MC 14433	$DS2$	18
8	$Co2$		$DS3$	17
9	DV		$DS4$	16
10	$CLK1$		$\overline{OR}$	15
11	$CLK2$		EOC	14
12	V_{EE}		V_{SS}	13

CD4027 双 JK 触发器

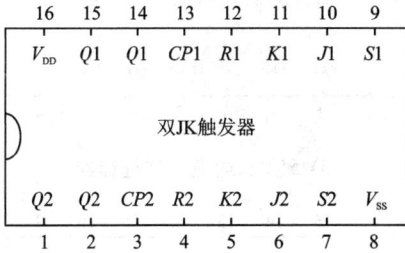

16　15　14　13　12　11　10　9

V_{DD}　$Q1$　$Q1$　$CP1$　$R1$　$K1$　$J1$　$S1$

双JK触发器

$Q2$　$Q2$　$CP2$　$R2$　$K2$　$J2$　$S2$　V_{SS}

1　2　3　4　5　6　7　8

CD40160 十进制可预置同步计数器

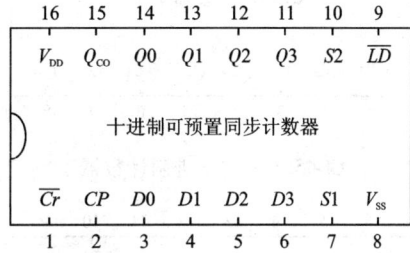

16　15　14　13　12　11　10　9

V_{DD}　Q_{CO}　$Q0$　$Q1$　$Q2$　$Q3$　$S2$　$\overline{LD}$

十进制可预置同步计数器

$\overline{Cr}$　CP　$D0$　$D1$　$D2$　$D3$　$S1$　V_{SS}

1　2　3　4　5　6　7　8

CD4028 BCD – 十进制译码器

3　14　2　15　1　6　7　4　9　5

$Y0$　$Y1$　$Y2$　$Y3$　$Y4$　$Y5$　$Y6$　$Y7$　$Y8$　$Y9$

BCD-十进制译码器

V_{DD}　　　A　B　C　D　　　V_{SS}

16　　　10　12　13　11　　　8

CD4093 施密特触发器

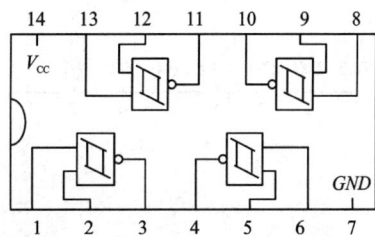

14　13　12　11　10　9　8

V_{CC}

GND

1　2　3　4　5　6　7

CD40106 六施密特触发器

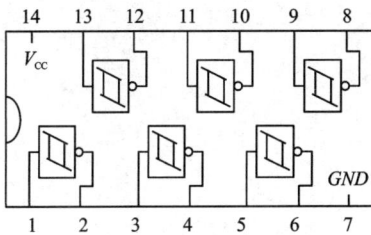

14　13　12　11　10　9　8

V_{CC}

GND

1　2　3　4　5　6　7

CD14528(CC4096)单双稳态触发器

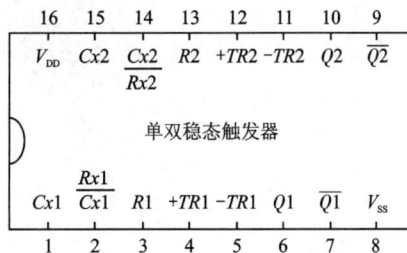

16　15　14　13　12　11　10　9

V_{DD}　$Cx2$　$\dfrac{Cx2}{Rx2}$　$R2$　$+TR2$　$-TR2$　$Q2$　$\overline{Q2}$

单双稳态触发器

$Cx1$　$\dfrac{Rx1}{Cx1}$　$R1$　$+TR1$　$-TR1$　$Q1$　$\overline{Q1}$　V_{SS}

1　2　3　4　5　6　7　8

3. CD4500 系列

CD4510 十进制可预置同步加/减计数器

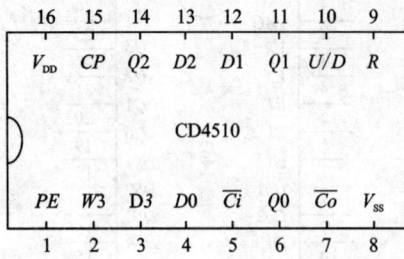

16	15	14	13	12	11	10	9
V_{DD}	CP	$Q2$	$D2$	$D1$	$Q1$	U/D	R

CD4510

PE	$W3$	$D3$	$D0$	$\overline{Ci}$	$Q0$	$\overline{Co}$	V_{SS}
1	2	3	4	5	6	7	8

CD4511BCD 码七段锁存译码器

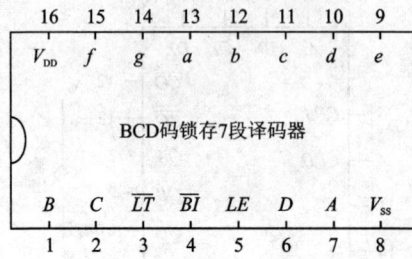

16	15	14	13	12	11	10	9
V_{DD}	f	g	a	b	c	d	e

BCD码锁存7段译码器

B	C	$\overline{LT}$	$\overline{BI}$	LE	D	A	V_{SS}
1	2	3	4	5	6	7	8

CD4518 双 BCD 码同步加计数器

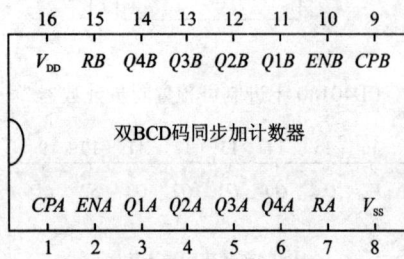

16	15	14	13	12	11	10	9
V_{DD}	RB	$Q4B$	$Q3B$	$Q2B$	$Q1B$	ENB	CPB

双BCD码同步加计数器

CPA	ENA	$Q1A$	$Q2A$	$Q3A$	$Q4A$	RA	V_{SS}
1	2	3	4	5	6	7	8

CD4516 4 位二进制可预置加/减计数器

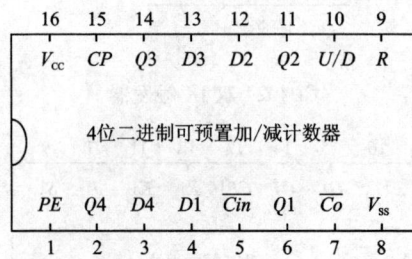

16	15	14	13	12	11	10	9
V_{CC}	CP	$Q3$	$D3$	$D2$	$Q2$	U/D	R

4位二进制可预置加/减计数器

PE	$Q4$	$D4$	$D1$	$\overline{Cin}$	$Q1$	$\overline{Co}$	V_{SS}
1	2	3	4	5	6	7	8

CD4553 三位十进制计数器

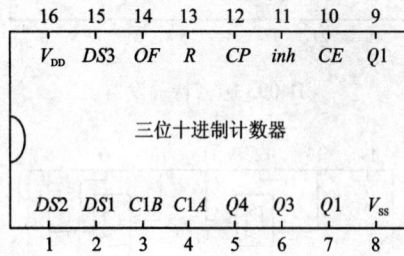

16	15	14	13	12	11	10	9
V_{DD}	$DS3$	OF	R	CP	inh	CE	$Q1$

三位十进制计数器

$DS2$	$DS1$	$C1B$	$C1A$	$Q4$	$Q3$	$Q1$	V_{SS}
1	2	3	4	5	6	7	8

CD4512 八通道数据选择器

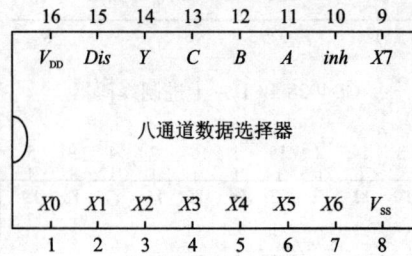

16	15	14	13	12	11	10	9
V_{DD}	Dis	Y	C	B	A	inh	$X7$

八通道数据选择器

$X0$	$X1$	$X2$	$X3$	$X4$	$X5$	$X6$	V_{SS}
1	2	3	4	5	6	7	8

附录四 在系统可编程器件(ispPAC)的开发设计软件

ispPAC 的开发设计软件为 PAC – Designer。ispPAC 开发软件的主要特征：设计输入方式——原理图输入，设计模拟——可观测电路的幅频和相频特性；支持已有的各种在系统可编程器件——ispPAC10、ispPAC20、ispPAC30、ispPAC80/81，内含一些滤波器设计的宏，能将设计直接下载(烧录)到器件中。

一、ispPAC 的内部可组态电路

1. ispPAC10 的内部可组态电路

PAC – Designer 开发设计软件原理图输入时 ispPAC10 的内部可组态电路如附图 4.1 所示。

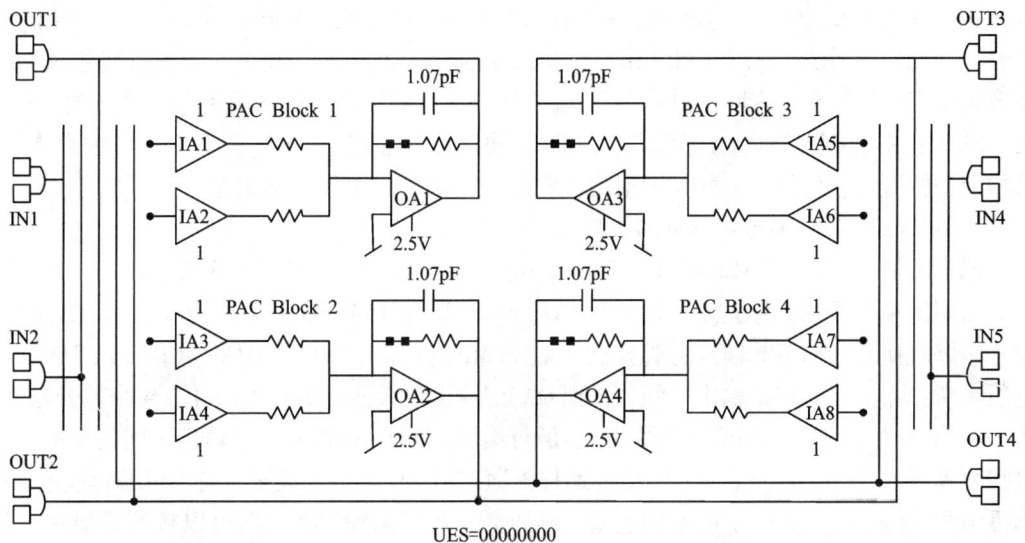

UES=00000000

附图 4.1 原理图输入时 ispPAC10 的内部可组态电路

附图 4.1 可见，它由 4 个基本单元电路 PAC 块(PACBlock)、4 个差分输入、4 个差分输出等组成。其增益值可编程，电容值可编程，OA1、OA2、OA3、OA4 输入、输出之间的反馈电阻可编程断开或连通，差分输入、差分输出可编程连通。

2. ispPAC20 的内部可组态电路

由附图 4.2 可见，它由两个基本单元电路 PAC 块、两个比较器、一个 8 位的 D/A 转换

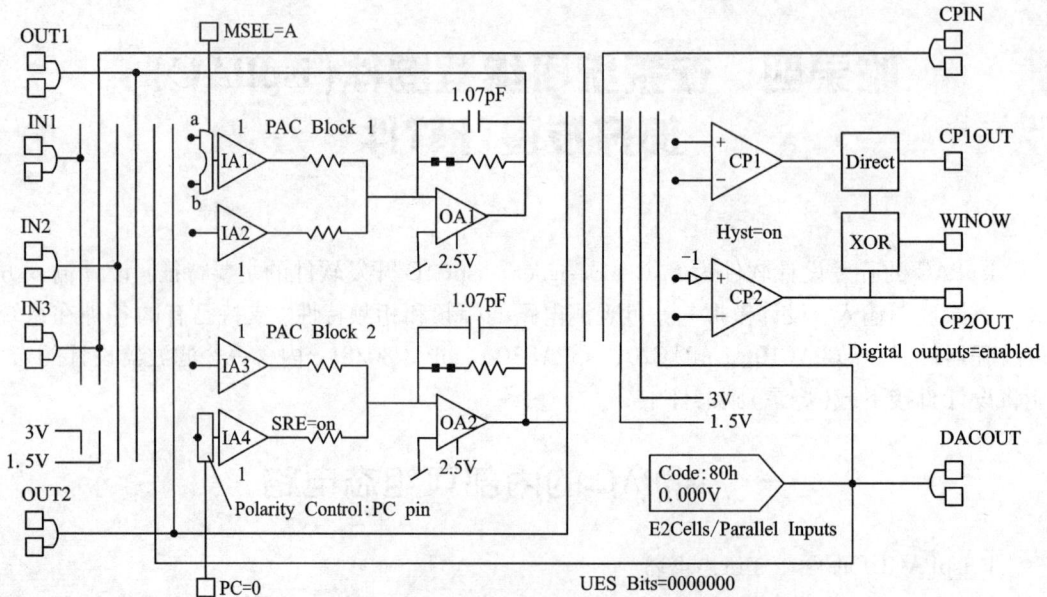

附图 4.2　原理图输入时 **ispPAC20** 的内部可组态电路

器、三个差分输入、两个差分输出、一个比较器输入、两个比较器输出和一个窗口输出、一个 DAC 输出、一个极性控制(PC)和多路输入控制(MSEL)、3 V 和 1.5 V 选择等组成。增益值可编程,电容值可编程,OA1、OA2 输入输出之间的反馈电阻可编程断开或连通,差输入、差分输出可编程连通,比较器输入、DAC 输出可编程连通,3 V 和 1.5 V 可编程连通,再加上一些可编程设置,它可以根据用户实际电路的要求进行灵活组态。

3. ispPAC30 的内部可组态电路

原理图输入时,ispPAC30 的内部可组态电路的屏幕显示如附图 4.3 所示。

由附图 4.3 可见,它由输入放大器 IA1、IA2、IA3、IA4,输入多路转换器(E^2单元)和输入多路转换器的 MSEL 输入引脚控制,复合(Multiplying)DAC(MDAC)(DAC1、DAC2),电压参考(V_{REF1}、V_{REF2}),输出布线(IA 到 OA),输出放大器(OA),UES 位,4 个差分输入,两个输出等组成。其增益值可编程,电容值可编程,OA1、OA2 输入、输出之间的反馈电阻可编程断开或连通,差分输入、输出可编程连通,MDAC 可编程设置,输入可编程连通,输出可编程布线,V_{REF1}、V_{REF2}可编程连通,再加上一些可编程设置,它可以按照需要进行灵活组态。

4. ispPAC80/81 的内部可组态电路

原理图输入时 ispPAC80/81 的内部可组态电路如附图 4.4 所示。

由附图 4.4 可见,它由一个差分输入、差分输出,一个输入放大器 IA 及一个输出放大器 OA,一个 5 阶低通滤波器 PAC 单元,A/B 2∶1 MUX(Wakeup),CfgA 和 CfgB 组成。其 IA 增益可编程,电容值可编程,A/B 可编程组态设置,Wakeup 可编程组态,UES 位可编程设置,可根据用户要求组态成多变实用的滤波器。

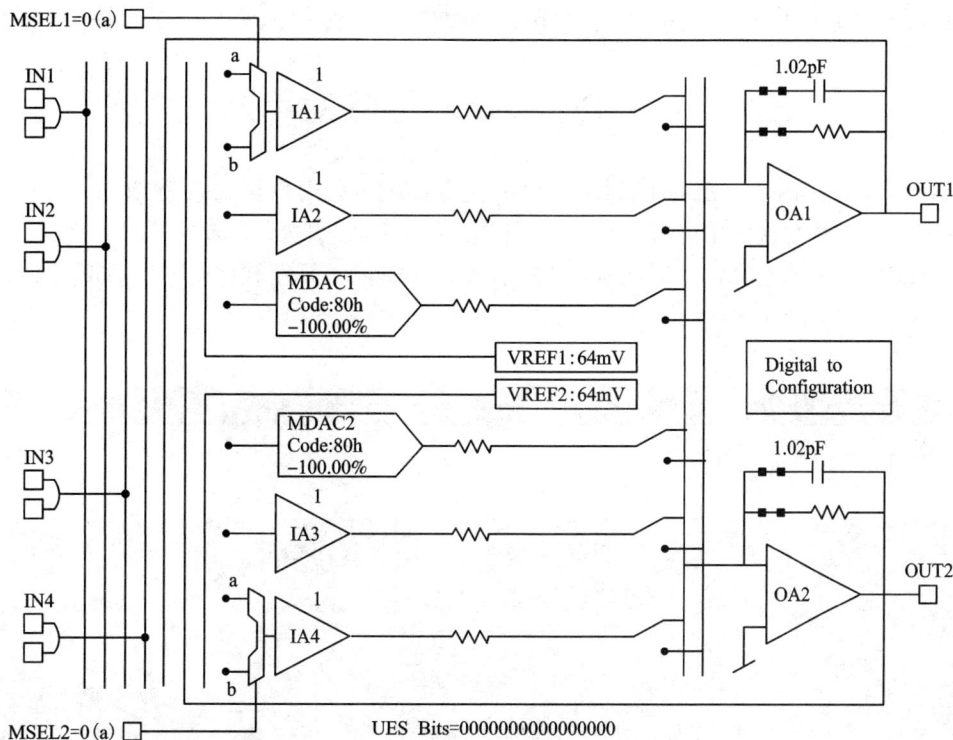

附图 4.3　原理图输入时 ispPAC30 的内部可组态电路

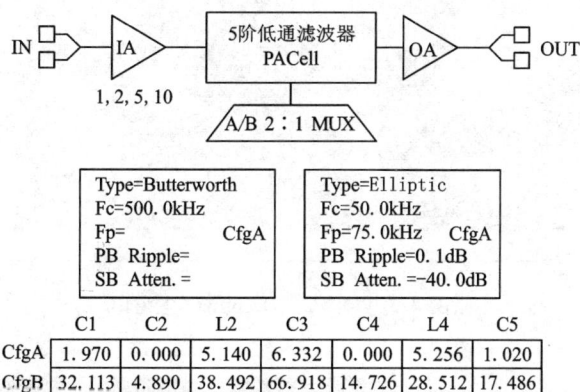

	C1	C2	L2	C3	C4	L4	C5
CfgA	1.970	0.000	5.140	6.332	0.000	5.256	1.020
CfgB	32.113	4.890	38.492	66.918	14.726	28.512	17.486

附图 4.4　原理图输入时 ispPAC80/81 的内部可组态电路

二、PAC - Designer 软件的安装

（1）在 PAC - Designer 软件的根目录下，运行 setup. exe，根据提示步骤进行安装。

（2）安装完毕后重新启动计算机。

（3）PC 机的每个硬盘均有一个 8 位的十六进制硬盘号，根据该硬盘号到 Lattice 公司网址（www. Latticesemi. com）上申请一个运行 PAC - Designer 软件必需的许可文件 license. dat，并将其拷贝至 C：\PAC – Designer(假定按软件提示的目录未作改动进行了安装)目录下。

三、PAC – Designer 软件的使用方法

如果 PAC – Designer 已被拖到 Windows 主页面上，只需用鼠标左键双击，即可进入 PAC – Designer 开发软件主窗口。否则，用鼠标左键单击"开始"，选"程序"，进入 Lattice Semiconductor，再单击 PAC – Designer，进入 PAC – Designer 开发软件主窗口(如附图 4.5 所示)。

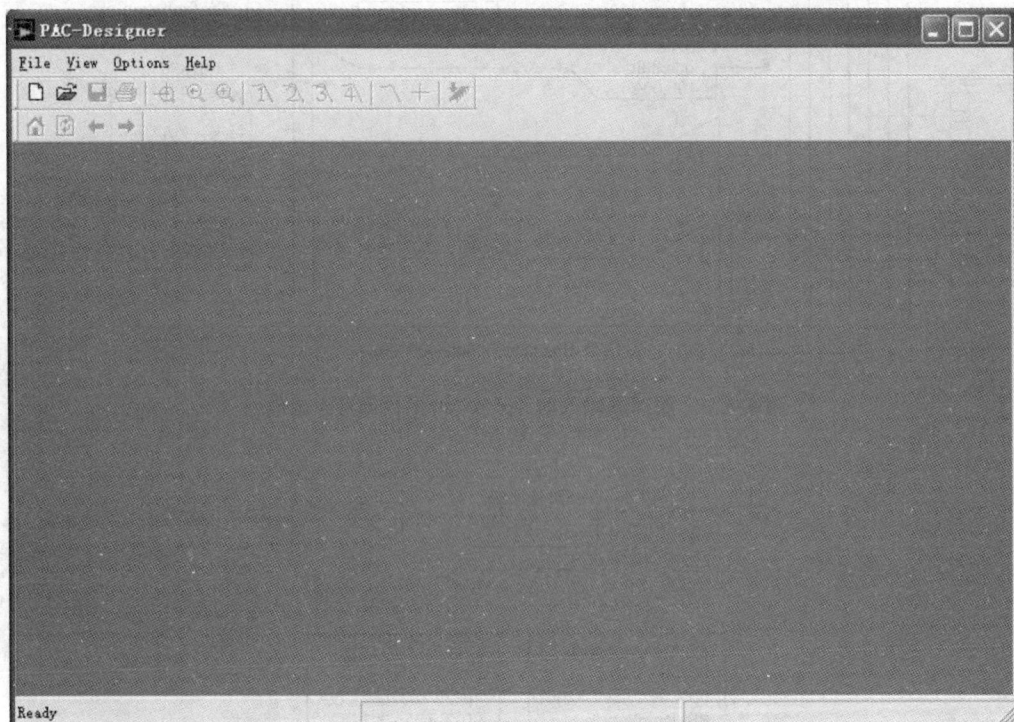

附图 4.5 "PAC – Designer"主窗口

1. 设计输入

PAC – Designer 的设计输入方式是原理图输入。只要选定 ispPAC 具体型号，系统会自动给出 ispPAC 的内部可组态电路，以便用户在此基础上进行快速设计。

在 PAC – Designer 主窗口中点击主菜单"File"，选择"New …"，将弹出如附图 4.6 所示的对话框。

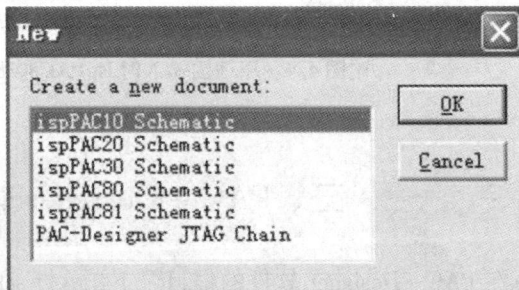

附图 4.6 新设计文件对话框

　　假如你要对器件 ispPAC10 进行设计，就在该对话框中选择 ispPAC10 Schematic，按 OK 钮，进入附图 4.7 所示的原理图设计输入环境。

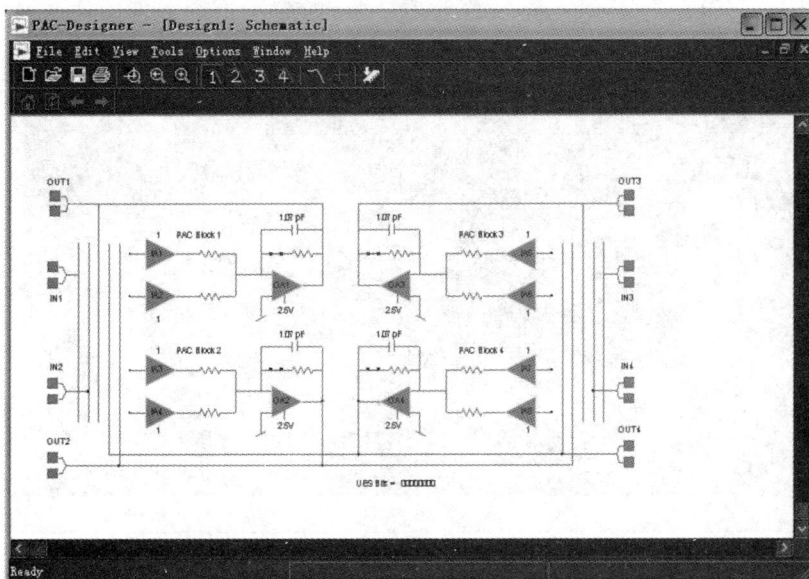

附图 4.7　ispPAC10 原理图设计输入环境

　　ispPAC10 原理图设计输入环境清晰地显示了 ispPAC10 的内部组态结构：两个输入仪表放大器(IA)和一个输出运算放大器(OA)组成一个 PACBlock 4 个 PACBlock 模块组成整个 ispPAC10 器件。因此，用户在进行设计时所需做的工作仅仅是在该图的基础上添加连线和选择元件的参数。原理图设计输入环境提供了良好的用户界面，绘制原理图的大部分操作可用鼠标来完成，因此，我们首先对设计过程中鼠标所处的各种状态作一简单介绍，参见附表 4.1。

附表 4.1　鼠标的各种状态表

状态类型编号	鼠标状态	含　　义
1	标准类型	PAC – Designer 图形输入环境中的标准鼠标类型
2	位于元件上方	该状态指示鼠标位于一个可编辑的元件上方，双击鼠标左键可编辑元件参数
3	位于连接点	该状态指示鼠标位于一个可编辑的连接点上方(尚未按鼠标时)。按下鼠标左键并移动，开始画连接线
4	画一根连接线点上方(鼠标位于一个有效的连接点上方)	将连线拖至一个有效的连接点上方时鼠标处于该状态。放开鼠标按钮将画上(或去除)一根连线
5	画一根连接线(鼠标位于一个无效的连接点上方)	将连线拖至一个无效的连接点上方时鼠标处于该状态。放开鼠标按钮将取消连线操作
6	选择放大区域	点击"View"菜单选择"Zoom h Select"或"Zoom inSelect"快速按钮，可进入该状态。该状态可选择要放大的矩形区域

附图 4.8 所示双二阶滤波器的原理图输入法设计步骤如下：

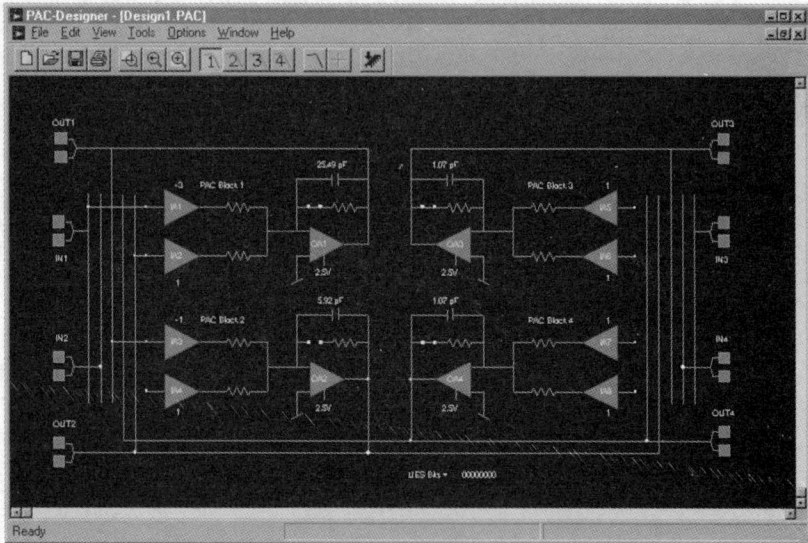

附图 4.8　用 ispPAC10 设计完成的双二阶滤波器原理图

（1）添加连线。将鼠标光标移到 IA1 的输入端合适位置，直到出现表 1 中所列 3 那样的鼠标状态。按住鼠标左键，将其左移至 IN1 引线上，然后松开左键，连线即被画上。如果将鼠标光标移到 IN1 与 IA1 的连接点合适位置，则出现表 1 中 3 那样的鼠标状态。按住鼠标左键，将其右移（原路返回）至 IA1 的输入端上，然后松开左键，连线将被去除。用类似方法，添加上所有需要连的线。

（2）编辑元件。假如编辑元件 IA1，对其增益进行设置。

将鼠标移至元件 IA1 的上方，出现如表 1 中 2 那样的类型。双击鼠标左键，弹出 Po1arlty&Galii Level 对话框。移动对话框中间滚动条选择—3，按"OK"钮。此时，IA1 的增益被设置为 3。这个工作也可以通过点击正在设计的窗口中的菜单 Edit 钮，选 Symbol，在对话框中再选 PACBlockl IA1 Gain，按"Edit"钮，从弹出的对话框中选 3，按"OK"钮完成。

假如编辑元件是 PACBlock 中的反馈电容值、反馈电阻的闭合或开断等，可按上述类似的步骤进行。

完成了双二阶滤波器的设计以后，点击菜单"File"，选"Save"存盘。

2. 对设计进行仿真

设计完成以后，一个重要内容就是对设计进行仿真，验证所设计的电路是否达到了预期的要求。

PAC – Designer 软件的仿真结果是以幅频和相频曲线的形式给出的。如果你设计的是加法器、放大器、比较器等，有些指标只能下载以后去测试验证。

仿真的操作步骤如下：

（1）设置仿真参数。在 PAC – Designer 主窗口，点击"Options"菜单，选择"Simulator…"，设置好相应的参数后，按"OK"钮。有关参数的含义可参照附表 4.2。

附表4.2 仿真参数设置对话框中各项含义

选 项	含 义
Curve1 ~ Curve4	仿真输出的幅频/相频特性曲线可同时显示4条不同的曲线。 Curve1 ~ Curve4这4个菜单分别用来设定4条曲线的参数
Fstart(Hz)	仿真的初始频率
Fstop(Hz)	仿真的截止频率
Points/Decade	绘制幅频/相频特性曲线时每10倍频率间隔所要计算的点数
Input Node	输入节点名。默认值为IN
Output Node	输出节点名。默认值为OUT1
General	设置是否要每修改一次原理图就自动仿真的菜单
Run Simulator···	该选项在General菜单中。设置是否要每修改一次原理图就自动仿真

本例用IspPAC10设计完成的双二阶滤波器有两个输出端;如果从OUT1(仿真参数设置对话框中V_{OUT1}输出,则完成带通(Bandpass)功能;如果从OUT2(仿真参数设置对话框中V_{OUT2}输出,则完成低通(Lowpass)功能。其他参数设置如对话框中所示。

(2)执行仿真操作。在完成仿真参数设置后,在主窗口点击菜单Tools选Run Slmulator进行仿真操作。

为了便于观测对数幅频/相频特性曲线,减小读数误差,PAC - Designer软件提供了一个十字形读数标尺。要得到这个功能,则应点击菜单"View",选"CrossHair"单击,然后在曲线上再单击左键,便可呈现出便于读数的十字形标尺。将鼠标箭头移到十字交叉处,按住左键,就可以自由拖动十字形标尺。仿真曲线窗口右下角边框上就会显示对应的频率值、幅值和相位值。

3. 对ispPAC器件编程(烧录)

完成设计输入和仿真操作以后,如果要变成一个实际应用的电路,就要对ispPAC器件进行编程(烧录)。ispPAC器件的硬件编程接口电路是IEEEl149.1—1990定义的JTAG测试接口。

编程操作需要一台PC机、一块含有ispPAC器件和+5 V电源的印刷电路板或面包板,再加上用于PC机并行口和ispPAC器件之间通信的、符合JTAG串行接口的编程电缆。

正确连接电缆、插好器件并加上电源以后,点击"PAC - Designer"原理图输入窗口中"Tools",选"Download"单击,即可完成对器件的编程(烧录)。

点击"Tools",选"Verify",可对ispPAC中已编程的内容进行验证,看是否与原理图输入的设计一致。

点击"Tools",选"Upload",可将ispPAC中已编程的未加密的内容读出并显示在原理图中。

4. PAC - Designer软件中几个功能补充说明

(1)在原理图输入窗口点击菜单"Tools",选"Design Utilities···"

此时,将弹出如附图4.9所示的对话框。该对话框中的可执行文件运行后能自动生成一定类型的滤波器。

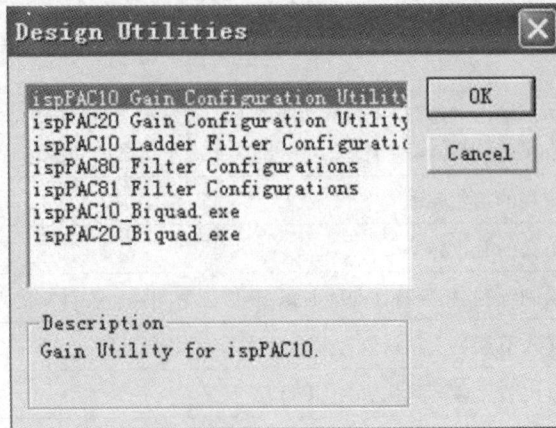

附图4.9　"Design Utilities"对话框

ispPAC10_adder.exe，产生适用于 ispPAC10 的巴特沃斯（Butterworth）、切比雪夫（Chebyshev）等类型的滤波器。

ispPAC10_Biquad.exe，产生适用于 ispPAC10 的双二阶滤波器。

ispPAC20_Biquad，exe，产生适用于 ispPAC20 的双二阶滤波器等。

（2）在原理图输入窗口点击菜单 File，选 Browse Library…

此时，将弹出如附图4.10所示的对话框。在该对话框的"Files："栏下，列出了一系列.pac 设计源文件作为库文件。用户可以在自己的设计中从这里调用这些文件，并在此基础上加以修改，变成自己的设计。用户也可将自己的设计文件.pac 存入该目录下，作为新的库文件，以便将来调用。

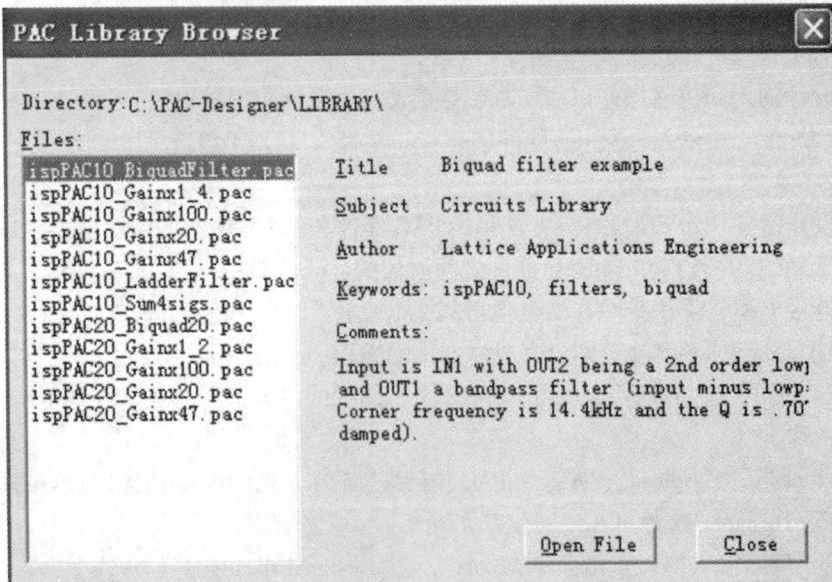

附图4.10　"PAC Library Browser"对话框

（3）在原理图输入窗口点击菜单"Edit"，选"Securlty…"

此时，将弹出"Security"对话框，用来设置设计编程（下载式烧录）到 ispPAC 器件后能否被读出，用于器件加密保护。

（4）在原理图输入窗口点击菜单"Tools"，选"User – Defined Macro…"

此时，将弹出"RunUser – DefinedMacro"对话框，选"ispPAC20 Dac Offset. exe"，按"OK"钮，出现如附图 4.11 所示的对话框。ispPAC20 中的 DAC 有关设置可在这里进行。

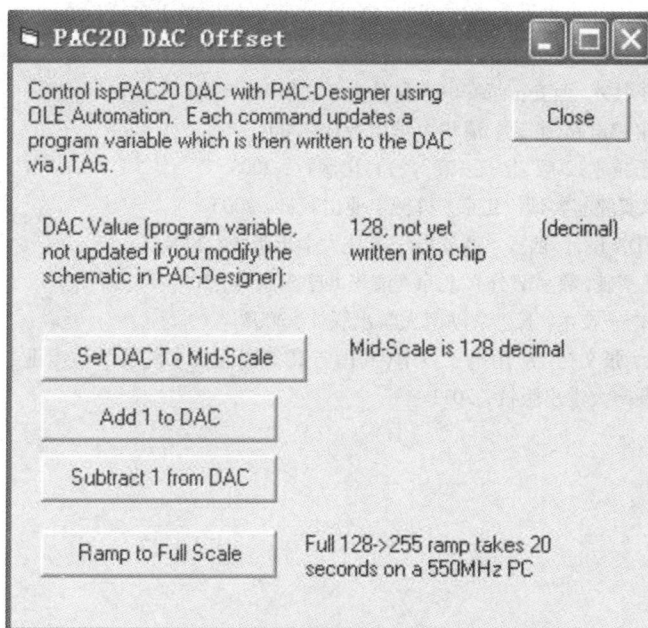

附图 4.11 "PAC20 DAC Offset"对话框

参考文献

［1］康华光. 电子技术基础：数字部分. 4 版. 北京：高等教育出版社, 2000

［2］谢自美. 电子线路设计·实验·测试. 2 版. 武汉：华中科技大学出版社, 2000

［3］江国强. 现代数字逻辑电路. 北京. 电子工业出版社, 2002

［4］江晓安. 数字电子技术. 西安：西安电子科技大学出版社, 1996

［5］朱正涌. 半导体集成电路. 北京：清华大学出版社, 2001

［6］杨志忠. 数字电子技术. 2 版. 北京：高等教育出版社, 2003

［7］王海群. 电子技术实验与实训. 北京：机械工业出版社, 2005

［8］顾斌. 数字电路 EDA 设计. 西安：西安电子科技大学出版社, 2004

［9］康华光. 电子技术基础（数字部分）. 北京：清华大学出版社, 2003

［10］陈涛，曾永和. 电子技术. 长沙：湖南大学出版社, 2004

［11］杨利军，李移伦，张文初. 应用电子技术（湖南省高等职业技术院校学生专业技能抽查标准与题库丛书）. 长沙：湖南大学出版社, 2011